線型代数対話 第4巻

自然数論
トポスにおける算術

西郷甲矢人・能美十三 共著

現代数学社

まえがき

　本書は，シリーズ「線型代数対話」の第 4 巻である．

　乳幼児を含めほとんどのひとびとは，概ね 3 までの「かず」についてかなりはっきりした感覚があるようだが，その先に進むには「数」を扱うための言語的なシステムが不可欠なようであるから[※1]，ここで重い腰を上げて「自然数論」を展開する[※2]．わたしたちが用いる「言語的なシステム」は圏，特にトポスである．

　本シリーズの読者はともかく，日本語や英語などを話す多くのひとびとにとっては，自然数の概念は圏のそれよりもよほど簡単なものであり，自然数を論じるために圏を用いるなどは牛刀割鶏の最たるものと思われるであろう．「（正の）整数は神が作りたもうた，その他は人間のわざである (Die ganzen Zahlen hat der liebe Gott gemacht, alles andere ist Menschenwerk.)[※3] などと吐き捨てる向きもあるかもしれない．

　しかし，うちの家族が正確に「何人」であるとか，誰それが正確に「何歳」であるとかいったことを表現する言語的手段を全く持たず，

[※1] ケイレブ・エヴェレット『数の発見：私たちは数をつくり，数につくられた』（屋代通子訳，みすず書房，2021）を参照．

[※2] ここでいう自然数論の意味については後述する．

[※3] クロネッカーの言葉．"Die ganzen Zahlen" を単に「整数」と訳すのが普通であろうが，「自然数」という概念を「整数」とは別に立てた上で，後者は前者に含まれない負の整数なども含める，といった合理的な整理は極めて現代的なものであって，「整数」と訳される語が現代でいう「正の整数」を意味しているといった状況には（古い洋書などを漁ると）しばしば出くわす．

おそらくそのゆえに（「ざっくり」した量の感覚はあるが）3を越える個数の弁別に苦労する一方，きわめて筋の通った思考を展開し，宣教師を棄教させるほどに説得力のある文化を有するピダハンのようなひとびとも現に存在している以上[※4]，自然数の概念もまた，「天与」のものであるとは考えられない．

「人数も年齢も不明確なら，家族が欠けてもわからないだろうし，誰が年長かもわからないはずだ（だから育児などの社会的活動にも支障が出ることになっておかしい）」と思う向きもあるようだが，それは誤解である．実際，家族全員の無事を確認するために数をかぞえて「5人いるはずなのに4人しかいない，誰かいなくなったぞ！」などという人はよほどの変わり者と見なされるだろう．

大切な家族のひとりがいるかいないかを認識するために数を正確に把握できる必要は，必ずしもない．われわれは身内をひとりの人間として見ている——顔のない，可算名詞としてではなく．（中略）ピダハンの子どもは数としてではなく，ひとりの人として記憶されているのである[※5]．

また，本シリーズの読者ならば，「個人を対象とし，個人間の『以後に生まれた』という関係性を射とする圏」などを思い浮かべるのは容易であろうし，それが「年齢」といった数などよりよほど根源的であることも納得できるであろう．圏は牛刀ではないし，自然数も鶏

[※4] エヴェレット前掲書，および，ダニエル・L・エヴェレット『ピダハン：「言語本能」を超える文化と世界観』（屋代通子訳，みすず書房，2012）を参照．エヴェレット前掲書の著者ケイレブはダニエル（棄教した元宣教師にして言語学者）の子．

[※5] エヴェレット前掲書，139頁．

ではないのだ．

　もちろん著者らは，厳密なる学問的探求のために，すでに読者の多くが「持ってしまっている」であろう自然数観をいまや捨て去るべきだと言っているわけではない．読者の多くは，〈あの〉自然数のシステムというのがあるような気がしているのではないかと思われるが ── とはいえそのシステムが一意的に存在していると思うか？ と改めて聞かれると自信がなくなるのではないかとも思われるが ── その自然数観に合致するであろう「ある種の圏においてある仕方で定義される対象」としての「自然数対象」を考え，その自然数対象がその圏においてどんな機能を果たし，何を可能にするのかを研究しようというのである．こうした研究を，以下では単に「自然数論」と呼ぶことにしよう．

　自然数論を展開することを通じて，読者や著者自身が（それについて深く反省することもないままに）すでに「共生」してしまっている〈あの〉自然数のシステムについての認識も（そして究極的にはその共生相手である読者や著者自身についての認識も）深まるに違いない．かなりの無理を承知で喩えれば，「地球そのもの」のありようについては ──そこに生き抜いているにもかかわらず！── その実相を知るにはほど遠く，したがってその未来を直観的にのみ論じていくことには無理があるからこそ，地球シミュレータを通じて地球の未来を（そして同時にわたしたちの未来を）考えることに意味があるのと似ている．

　もちろん「地球が存在する」のと全く同じような意味で「〈あの〉自然数のシステムが存在する」というのは暴論であろう．一意的なのかも大いに疑わしい．あなたの思う〈あの〉自然数のシステムとわたしの思う〈あの〉自然数のシステムはまったく違うかもしれない ──いや，違うと思う方が自然である（ちなみに自慢させてもらうと，たぶ

んわたしの〈あの〉自然数のシステムは，あなたの思う自然数に対応するものよりも「ものすごく大きな」自然数たちをもつほど豊かなものとなっている）．しかし，それほど異なりうる〈あの〉自然数のシステムを心に描いていたとしても，だからといって物別れに終わるわけでは決してない，という事実は揺るがない．

　この事実の不合理なまでの揺るぎなさは，現代数学をある程度以上知る者がユークリッドの『原論』を読むと痛感されるに違いない．ユークリッド（ほんとうはエウクレイデスと言うべきだろうが）は，たぶん，本シリーズの読者の多くにとって一番気の合う古代人のひとり[※6]ではないかと思われる．神秘的な思想を振り回すこともなければ，差別的な言辞もなく（序文すらないのだから），ユークリッドの仕事は一般化・抽象化されて数学者（や関連諸分野の研究者）の日々の糧となり，現代のひとびとの生活を支えている．また，『原論』の古色蒼然たるイメージからすると意外なことに，生き生きとした「語り合い」の痕跡が見え隠れもするのである．『原論』について斎藤憲は，

　　実は，ひたすら命題の証明をすめ重ねていく『原論』のテクストにも，仮想の議論の相手を想定しているように思われる箇所が少なくありません．一言で言えば，『原論』はモノローグでなく対話（ダイアローグ）なのです[※7]．

[※6] ユークリッドの「定義」を「『原論』の著者」とするとき，それが「ひとり」であるかは非自明である．各巻・各部分の内容が誰のアイデアに由来し，誰がそれを実際に書いたのかといったことについては諸説ある．だが，簡単のため，「ひとり」であることを前提したような書き方をする．

[※7] 斎藤憲『ユークリッド『原論』とは何か：二千年読みつがれた数学の古典』（岩波科学ライブラリー 148，岩波書店，2008），14 頁．

と述べ,「言明」の役割や命題の引用方法,図形や点の名前がころころ変わることなどに注目し,説得力ある議論を展開している[※8].モノローグでなくダイアローグ.やっぱり学問は対話なのである(それで著者らも性懲りもなく対話体で執筆しているのだ).また,やたら厳密主義者のイメージで捉えられがちだが,

> 証明で使われるさまざまな前提のうち,よりによって5つを選んで「要請」としたとき,彼は論理的厳密性という抽象的・普遍的な基準を考えていたのではなく,文句を言いだしそうなうるさ方を思い浮かべていたのではないか,ということです[※9].

といった具合で,親近感を覚えすぎて笑ってしまうほどである.そして何よりも驚くべきことは,『原論』で述べられた定理や証明の多くが,「適切な解釈や補正を行えば」現代においても通用するということである.ただ,その「適切な解釈や補正」を行うとき,読者はおそらくいくつもの箇所で困惑するのではないかと思われる.

たとえば『原論』の第 VII 巻あたりを読み進めているとき,「ユークリッドにとっての〈あの〉自然数のシステムって,わたしの思うそれと違う?」という疑問を持つことがきっと度々あるのではないか.何より驚くのは,数に対する操作の扱いである.「積」などよりも根源的な概念として「測る」という操作が登場するのである.この「測る」は,現代の用語でいえば「割り切る」にあたるものなのだが,現代では「割り切る」が積よりも後に来る概念のはずであるのに,ユークリッドにとってはまったくそうではないのである.「測る」ことに関

[※8] 斎藤前掲書,第 7 章を参照.

[※9] 斎藤前掲書,21 頁.

してはたくさんの事柄が「当たり前」のように（暗黙に）前提されている一方，「積」にあたるものは「測る」よりずっと後に登場し，その可換性までも「証明」される！（VII. 16）．要するに，ユークリッドやその想定された読者にとって，〈あの〉数のシステムは，「測る」については自明に理解出来るような「何か」でありながら，積などの操作についてはより非自明であるような「何か」であったらしい：

> 第 VII 巻冒頭の 23 個の定義の中で，「測る」という言葉は他の術語の定義に用いられるが（定義 3-5），それ自身は定義されていない．ここで「測る」という我々にとって馴染みの薄い言葉が，定義が不要であるほど（あるいは定義ができないほど）基本的な術語であることは，『原論』の整数論が，我々の初等整数論とまったく異なった基礎から出発するものであることを示唆している[※10]．

ここで，つい想像をたくましくして，ユークリッドたちにとっての〈あの〉数のシステムは「測る」を射とするある種の圏にあたるものだったのかも知れない，などと言いたくなるが，もちろんかれらが考えていたことにぴったり合致するはずはない．現代的にユークリッドの議論を「再構成」することができたとしても，それはかれらが何を「実際に」考えていたかを明らかにすることとは違うのである．

しかしそれでも，ユークリッドとわたしたちが「物別れに終わる」ことはない．実際，例えば第 VII 巻において扱われるいわゆる「ユークリッドの互除法」は，（「適切な解釈や補正」を行った上でなら

※10 『エウクレイデス全集第 2 巻　原論 VII-X』（斎藤憲訳・解説，東京大学出版会，2015），『原論』解説（VII-X 巻），16 頁．

ば）現代にも通用する結果であるし，現代数学の水源のひとつとさえ言えるだろう（続巻で扱う予定である）．「わたし」と「あなた」が思う〈あの〉自然数が異なっていようと，だからと言って物別れに終わるというわけでは決してない，それが数学というものなのだ．

　それでも ——ユークリッドが実際に考えていたことを，少しでもわかればどんなに面白いだろう，とは思う．もしユークリッドが現代に（知性を保ったまま）転生してくれたなら，いろいろと聞いてみることができるのだが．もしユークリッドがグロタンディークの『代数幾何原論』を読んだら，いったい何を思うだろう．『原論』の著者なら，トポスくらいの概念はすぐに理解して見事な自然数論の本を書いてくれそうな気もする．そうすれば西郷と能美のような菲才がこんな苦労をすることもないのに．ただ残念ながらそんな都合のいい話はない．そこで止むを得ず自分たちで書いてみた ——それが本書（および続巻）である．

　いったいどんな本ができたか眺めてみようと出来心を起こしたならば，それは希有なことである．本書は，あなたと，もしかしたらすでに転生しているのかもしれないユークリッド（あなた自身かもしれない）のために書かれたのである．

西郷 甲矢人・能美 十三

目　次

線型代数対話　第 4 巻

■ まえがき ……………………………………………………… i

■ 第 1 話
　1. 自然数対象の振り返り ……………………………… **1**
　2. 前者関数 ……………………………………………… **3**
　3. 再帰 …………………………………………………… **8**

■ 第 2 話
　1. 前者関数の振り返り ………………………………… **13**
　2. 後者関数の反復としての和 ………………………… **15**
　3. 和の性質：単位律 …………………………………… **17**
　4. 和の性質：結合律 …………………………………… **19**

■ 第 3 話
　1. 和の性質：可換律 …………………………………… **24**
　2. 和の性質：簡約律 …………………………………… **26**

■ 第 4 話
　1. 自然数対象における積 ……………………………… **33**
　2. 和の反復としての掛け算との整合性 ……………… **34**
　3. 積の性質：可換律 …………………………………… **37**

第5話
1. 積の性質：単位律 ……………………………… 43
2. 和と積との間の分配律 ………………………… 44

第6話
1. 積の性質：結合律 ……………………………… 53
2. 自然数の間の大小関係 ………………………… 58

第7話
1. 大小関係についての反対称律 ………………… 63
2. 大小関係についての推移律 …………………… 69

第8話
1. 狭義の大小関係について ……………………… 73
2. $1+N \cong N$ とその応用 ……………………… 76

第9話
1. トポスにおける単射の押し出し ……………… 83
2. 数学的帰納法 …………………………………… 89

第10話
1. 三分律 …………………………………………… 94
2. 三分律の証明 …………………………………… 96
3. 余積の非交和としての性質 …………………… 100

第 11 話
1. 割り算の基本定理 ······ **105**
2. 引き戻しの計算 ······ **108**
3. 圏論的割り算の基本定理 ······ **112**

第 12 話
1. 割り算の基本定理：全射性 ······ **115**
2. 細々とした計算 ······ **121**

第 13 話
1. 割り算の基本定理：単射性 ······ **125**

第 14 話
1. 割り算のアルゴリズム ······ **138**
2. 反復の特徴付け ······ **141**
3. 証明の方針 ······ **146**
4. 反復の諸性質 ······ **148**
5. 定理の証明 ······ **153**

あとがき ······ **157**

索　引 ······ **161**

第1話

1. 自然数対象の振り返り

S（西郷）：量系と可換群との間の深い関係についての話が一区切りついたから，ここからしばらく最も身近な量系である自然数の話をしていこう．

N（能美）：Set を定義するときにも出ていたが，あの自然数対象のことか？

S：そうだ．定義自体は終対象さえあればどんな圏でもできるような形だが，「関数列」のようなものも扱いたいからカルテジアン閉圏[※1]を扱うことにしよう．

> **定義1** カルテジアン閉圏 $\mathcal{C}$ の対象 N，N の要素 0，および N 上の自己射 $N \xrightarrow{s} N$ から成る三つ組 $\langle N, 0, s \rangle$ が次の普遍性を持つとき，これを**自然数対象**と呼ぶ．また，s を**後者関数**と呼び，$n \in N$ に対して $s \circ n$ を n の**後者**と呼ぶ．誤解のおそれがない場合は N 自身のことも自然数対象と呼ぶ．
>
> $\mathcal{C}$ に同様の図式 $1 \xrightarrow{x} X \xrightarrow{f} X$ が存在したとき，$N \xrightarrow{u} X$ で
>
> $$\begin{array}{ccccc} 1 & \xrightarrow{0} & N & \xrightarrow{s} & N \\ & {\scriptstyle x} \searrow & {\scriptstyle u} \downarrow & & {\scriptstyle u} \downarrow \\ & & X & \xrightarrow{f} & X \end{array} \quad (1.1)$$
>
> を可換にするものがただ一つ存在する．

[※1] 有限積（終対象を含む），冪を持つ圏．

● 第 1 話

今の段階ではまだ N を「自然数のあつまり」と思うことは難しいだろう．そこでしばらくは我々が今までに培ってきた直感的な自然数観と対応させながら話を進めていくことにしよう．さて定義についてだが，これは言い方を変えれば，$1\xrightarrow{0} N\xrightarrow{s} N$ が $1\xrightarrow{x} X\xrightarrow{f} X$ という形の図式たちの成す圏における始対象だということだ．ところでこの図式 $1\xrightarrow{0} N\xrightarrow{s} N$ は，N が

$$0,\ s\circ 0,\ s\circ s\circ 0,\ s\circ s\circ s\circ 0,\ \cdots \tag{1.2}$$

という要素を含んでいることを意味している．「0」を「自然数の 0」と捉え，後者関数 s をその名の通り「与えられた自然数の次の自然数を返すもの」と捉えれば，これはちょうど自然数の列

$$0, 1, 2, 3, \cdots$$

に相当する．

N：そういう意味では $1\xrightarrow{x} X\xrightarrow{f} X$ という形の図式からは，X における列

$$x,\ f\circ x,\ f\circ f\circ x,\ f\circ f\circ f\circ x,\ \cdots$$

が得られるな．

S：自然数対象の普遍性は，まさにそういった列たちに対して，N が支配的な地位にいることを意味している．（1.1）を君が挙げた列に適用すれば

$$\begin{array}{ccccccccc}
0 & \xmapsto{s} & s\circ 0 & \xmapsto{s} & s\circ s\circ 0 & \xmapsto{s} & s\circ s\circ s\circ 0 & \xmapsto{s} & \cdots \\
\downarrow u & & \downarrow u & & \downarrow u & & \downarrow u & & \\
x & \xmapsto{f} & f\circ x & \xmapsto{f} & f\circ f\circ x & \xmapsto{f} & f\circ f\circ f\circ x & \xmapsto{f} & \cdots
\end{array}$$

となって，x, f で作られる列は，$0, s$ で作られる列と射 $N\xrightarrow{u} X$

とによって余すところなく表現されてしまうんだ．(1.1) を左側の三角形と右側の四角形とに分けて，要素を用いて書くと

$$\begin{cases} u \circ 0 = x \\ u \circ s \circ n = f \circ u \circ n, \ n \in N \end{cases} \quad (1.3)$$

と表せる．一つ目の関係式が列の「初期条件」を与え，二つ目の関係式が列がみたすべき「漸化式」を定めているとみることができるだろう．こう捉えると，(1.1) を可換にするような u が一意だということは，列というものは初期条件，漸化式だけで決まってしまうべきだ，という要請だと理解できる．

2. 前者関数

N：列の真髄を表したような対象だな．だが先程の例からすると，せいぜい「自然数 n に対して，x に f を n 回作用させた結果を返す」ということぐらいしかできなさそうだが．

S：実はこの「繰り返し」こそが自然数対象の持つ強力な性質で，実際君の言うように「この程度」のことくらいしかできないのだけれど，しかし「この程度」のことだけで驚くほど多くのことが従うんだ．和，積，累乗，さらに「数学的帰納法」など様々なものを定義できるのだが，手始めに「前者関数」と呼ばれる射 $N \xrightarrow{p} N$ を定めてみよう．

N：「後者」に対して「前者」か．「一つ前の自然数を返す」ことに相当する関数なんだろうな．だが 0 に対してはどう定義するんだ？ 0 の前に自然数があるというのは違和感があるが．

S：「0 は後者として表せない」ということ自体は確かめる必要がある

が，$p \circ 0 = 0$ と定めることにしよう．前に戻って，それ以上戻れなければ止まったまま，ということだ．要素を用いて初期条件，漸化式の形で書けば

$$\begin{cases} p \circ 0 = 0 \\ p \circ s \circ n = n,\ n \in N \end{cases} \tag{1.4}$$

となるようなものを求めたいというわけだ．

N：確かに漸化式となっているけれど，(1.3) と比べると右辺にいろいろ足りていないように見えるな．

S：おや，目ざといじゃないか．実は自然数対象の普遍性からこのような p を定めるには1ステップ余分に必要なんだ．まあとりあえず $1 \xrightarrow{\binom{0}{0}} N \times N \xrightarrow{\binom{s \circ \pi^1}{\pi^1}} N \times N$ について考えよう．

N：漸化式に相当する部分がどちらも π^1 になっているが，π^2 でなくて良いのか？

S：そう，これも一つのトリックだ．自然数対象の普遍性によって，$N \xrightarrow{\tilde{p}} N \times N$ で

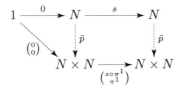

を可換にするものが一意に存在する．$\pi^1 \circ \tilde{p}$ について考えると，

$$\begin{array}{ccccc} 1 & \xrightarrow{0} & N & \xrightarrow{s} & N \\ & \searrow{\scriptstyle 0} & \downarrow{\scriptstyle \pi^1 \circ \tilde{p}} & & \downarrow{\scriptstyle \pi^1 \circ \tilde{p}} \\ & & N & \xrightarrow{s} & N \end{array}$$

が可換，そして縦方向の $N \longrightarrow N$ として 1_N を考えてもこの図式

は可換だから自然数対象の普遍性によって $\pi^1 \circ \tilde{p} = 1_N$ だ．それで，$\pi^2 \circ \tilde{p}$ こそが我々が求める前者関数なんだ．

N：なんだ，突然．脈絡が全然わからんなあ．(1.4) の初期条件の方は $\pi^2 \circ \tilde{p} \circ 0 = \pi^2 \circ \begin{pmatrix} 0 \\ 0 \end{pmatrix} = 0$ で問題ない．$\tilde{p} \circ s = \begin{pmatrix} s \circ \pi^1 \\ \pi^1 \end{pmatrix} \circ \tilde{p}$ だから漸化式の方は

$$\pi^2 \circ \tilde{p} \circ s = \pi^1 \circ \tilde{p} = 1_N$$

で，$n \in N$ に対して作用させればこちらも成り立っている．

S：ということで $p = \pi^2 \circ \tilde{p}$ とおけば，この p こそが s の作用を打ち消すようなものだといえる．

定理 2　自然数対象 $\langle N, 0, s \rangle$ を持ったカルテジアン閉圏において，$N \xrightarrow{p} N$ で $p \circ 0 = 0$ かつ $p \circ s = 1_N$ なるものがただ一つ存在する．この p を**前者関数**と呼び，$n \in N$ に対して $p \circ n$ を n の**前者**と呼ぶ．

▮系 3 ▮　自然数対象 $\langle N, 0, s \rangle$ を持ったカルテジアン閉圏において，後者関数 s は単射，前者関数 p は全射である．

N：「前者関数が全射」だなんて，君，よくこんなくだらない駄洒落を思い付くねえ．

S：これを駄洒落と捉える君の精神にこそ問題があるんじゃないかね．この系は $p \circ s = 1_N$ からすぐわかることだ．p が右可逆だから全射，s が左可逆だから単射，と．さて，先程も注意したことに関係する話だが，0 が何らかの要素の後者であるとどうなるかを調べるのにこの前者関数が使える．そういった $n \in N$ があったと

すると $s\circ n=0$ だから，両辺に p を作用させて $n=0$ が得られる．つまり $s\circ 0=0$ ということだ．

N：それなら $s\circ s\circ 0$ も 0 になってしまうな．列の概念の根幹を成す概念のはずが，$0=s\circ 0=s\circ s\circ 0=\cdots$ と同じところで足踏みしているだけになっている．

S：1 点に潰れてしまっては，当然異なる要素から成る列を表すことはできない．圏の対象 X で，相異なる要素を 2 つ持つものがあるとしよう．要素をそれぞれ a,b とおく．$1\xrightarrow{a} X \xrightarrow{b\circ !_X} X$ に対して，自然数対象の普遍性から $N\xrightarrow{u} X$ で

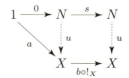

を可換にするものが存在する．初期条件は $u\circ 0=a$ だから，漸化式からは $u\circ s\circ 0=b\circ !_X\circ u\circ 0=b$ となる．$a\neq b$ としていたのだから $s\circ 0\neq 0$ だ．

N：まとめると，$n\in N$ で $s\circ n=0$ となるようなものが存在すれば $s\circ 0=0$ だ．その一方で，圏の対象が相異なる要素を 2 つ持てば $s\circ 0\neq 0$ である，と．

S：1 つ目の結果の対偶をとれば，2 つの結果は「合成」できる．

定理 4 自然数対象 $\langle N,0,s\rangle$ を持ったカルテジアン閉圏において，相異なる 2 つの要素を持つような対象が存在すれば，任意の $n\in N$ に対して $s\circ n\neq 0$ である．

> **定義 5**　$0 \neq s \circ 0$ であるような自然数対象を**非退化**であるという．

例えば非退化なトポス[※2]，特に集合圏 **Set** では真理値対象 Ω が True, False という相異なる 2 つの要素を持つから，その自然数対象について $0 \neq s \circ 0$ がいえる．さて，p は 0 に対しても $s \circ 0$ に対しても 0 を返すから，自然数対象が非退化なら p は単射ではない．s については，$n \xrightarrow{s} N \underset{s \circ p}{\overset{1_N}{\rightrightarrows}} N$ を考えると，$s \circ p \circ s = s = 1_N \circ s$ である一方で $s \circ p \circ 0 = s \circ 0$ だから，自然数対象が非退化なら $s \circ p \neq 1_N$ だ．つまり s は全射ではない．まとめると

> **系 6**　カルテジアン閉圏の自然数対象が非退化であれば，前者関数は単射でなく，後者関数は全射でない．

ということだ．N から N への射として，単射ではあるが全射ではない射 s が存在するということが，N の無限性と深く関係している．

N：聞いている分には可逆な射のなりそこないとしか思えないがなあ．

S：射を代数的に操作する上では可逆性というのは便利なものだが，今は自分自身への射であるにも関わらず，というところが重要だ．有限個のもののあつまりでは，自己射は単射なら全射になってしまってこういうことは決して起こらない．このあたりを詳しく話

[※2]　始対象と終対象とが同型でないようなトポス．

すには，もちろん有限，無限とは何かをはっきりと定めないといけないからこれ以上踏み込むのはよすが，**デデキント無限**と呼ばれる概念に関係したことだ．まあざっくばらんに言えば，(1.2)で挙げた列は，s が単射であることによってどの要素も互いに異なっていて，定理 4 によって最初の 0 に戻ることはないということだ．

N：「である」ことではなく「でない」ことが重要というのは面白いな．要はこの列がループすることなく，延々と伸びていくというところに「無限」が現れているわけだな．

3. 再帰

S：自然数対象 $\langle N, 0, s\rangle$ 自身の性質について面白いことはまだまだあるが，とりあえず一区切りとして，ここからは N についての二項演算をいろいろと見ていこう．まあ，足し算，掛け算などについて復習していく，と思ってもらえば良い．いや，まずは見ていく前の準備を行う，と言った方が適切だな．

N：何を一人でごちゃごちゃと言っているんだね？ 足し算，掛け算くらい簡単に表現できるんじゃないのか？ 簡単なんだから．

S：確かに具体的に与えられた自然数に対して計算するだけなら君のように数学に対して不誠実なけしからん人間でも可能だろうが，その根本を自然数対象の普遍性の立場から捉えることは案外骨の折れる作業なんだ．たとえば足し算は $1 \xrightarrow{\widehat{1_N}} N^N \xrightarrow{s^N} N^N$ から定めることができる．足し算を $N \times N \xrightarrow{+} N$ とおくと，$\langle N, +, 0\rangle$ は可換モノイドであることがわかる．

N：ややこしいということは大変よくわかった．いやあ良かった良

かった.

S：何も解決していないぞ．欲しい関数一つ一つに対してどういった列を考えれば良いかを判断するのも乙なものだが，ここでは「再帰とはどんなものか」という見方で考えよう．とはいっても，このあたりも深掘りすると本当にとんでもなく深いから，踏み込まずに「原始再帰法」の考え方を採用する．

定理7 射 $A \xrightarrow{f} B \xleftarrow{g} N \times A \times B$ に対し，$N \times A \xrightarrow{h} B$ で

$$\begin{array}{ccccc} A & \xrightarrow{f} & B & \xleftarrow{g} & N \times A \times B \\ {\scriptscriptstyle \binom{0 \circ !_A}{1_A}} \searrow & & \uparrow h & & \uparrow {\scriptscriptstyle \binom{\pi^1_{N,A}}{\pi^2_{N,A}}}_{h} \\ & & N \times A & \xleftarrow{s \times 1_A} & N \times A \end{array} \quad (1.5)$$

を可換にするものがただ一つ存在する．

N：随分と入り組んだ形をしているじゃないか．要素をとって考えると

$$\begin{cases} h \circ \begin{pmatrix} 0 \\ a \end{pmatrix} = f \circ a, \quad a \in A \\ h \circ \begin{pmatrix} s \circ n \\ a \end{pmatrix} = g \circ \begin{pmatrix} n \\ a \\ h \circ \begin{pmatrix} n \\ a \end{pmatrix} \end{pmatrix}, \quad a \in A, \ n \in N \end{cases} \quad (1.6)$$

か．まあ確かに $s \circ n$ における値，というか関数としての振る舞いが n におけるものから決まっていて漸化式のようだが，とにかくややこしい形だな．

S：初期条件の方は見た通り，h は $n = 0$ において f として振る舞うということだ．漸化式の方は確かにややこしい形をしているが，実は和や積等のさまざまな演算をこの形の再帰として統一的に捉

● 第 1 話

えられる．右辺の g の引数についてだが，n や a を h の引数に使うだけでなく，そのものを取り出して参照できるようにしているとでも解釈すれば良いかもしれない．n はこの再帰が今何回目なのかを数えるカウンターのようなもの，a はこのシステムへの入力だと捉えれば良いだろう．

N：回数を数えているというのは，まあそんな感じはするな．何の意味があるかわからないが．a が入力だというのは，まず f で B にうつされて，その結果が g の引数になって，という繰り返しだから，そんなものか．

S：あくまで一般形として，使う可能性のあるものをリストアップしていると考えれば良い．実際，g の 3 つの引数のうち必要な情報は，和では 3 つ目だけ，積では 2 つ目と 3 つ目だけ，前者関数では 1 つ目だけ，と様々だ．このあたりは次回以降対応を見ていくとして，とりあえずこの定理を証明しよう．まずは f, g の余域の調整だ．次のようにする：

$$A \xrightarrow{\begin{pmatrix} 0 \circ !_A \\ 1_A \\ f \end{pmatrix}} N \times A \times B \xleftarrow{\begin{pmatrix} s \circ \pi^1 \\ \pi^2 \\ g \end{pmatrix}} N \times A \times B$$

これを $A \xrightarrow{\bar{f}} \bar{B} \xleftarrow{\bar{g}} \bar{B}$ とおいてカリー化して得られる射 $1 \xrightarrow{\hat{\bar{f}}} \bar{B}^A \xleftarrow{\bar{g}^A} \bar{B}^A$ に対して自然数対象の普遍性を適用して，$N \xrightarrow{\hat{u}} \bar{B}^A$ で

$$\begin{array}{c} 1 \xrightarrow{\hat{\bar{f}}} \bar{B}^A \xleftarrow{\bar{g}^A} \bar{B}^A \\ {\scriptstyle 0} \searrow \quad \uparrow {\scriptstyle \hat{u}} \quad \uparrow {\scriptstyle \hat{u}} \\ N \xleftarrow{s} N \end{array} \quad (1.7)$$

を可換にする一意な射を得る．

N：ああ，列というとなんとなく数列をイメージしていたが，今は関

数列を扱っていることになるのか.

S：アンカリー化して A から $\overline{B}$ への射として見れば
$$\overline{f},\ \overline{g}\circ\overline{f},\ \overline{g}\circ\overline{g}\circ\overline{f},\ \cdots$$
という列が得られたことになる．さて $\hat{u}$ のアンカリー化を $N\times A\xrightarrow{u}\overline{B}$ とすると，$\pi^3\circ u$ こそが求める h で，あとは $\pi^1\circ u,\ \pi^2\circ u$ がなんなのかを調べれば良い．$N\times A\xrightarrow{\pi^1\circ u} N$ については，そのカリー化 $\widehat{\pi^1\circ u}=(\pi^1)^A\circ\hat{u}$ が

（図式：$1\xrightarrow{\widehat{0\circ !_A}} N^A \xleftarrow{s^A} N^A$，$0$，$(\pi^1)^A\circ\hat{u}$，$(\pi^1)^A\circ\hat{u}$，$N\xleftarrow{s} N$）

を可換にすることがわかる．ところが $N\longrightarrow N^A$ として，$\pi^1_{N,A}$ をカリー化した $\hat{\pi}^1_{N,A}$ を考えてもこの図式は可換だから，自然数対象の普遍性により両者は等しく，アンカリー化して
$$\pi^1_{N,A,B}\circ u=\pi^1_{N,A}$$
を得る．同様にして $\pi^2_{N,A,B}\circ u=\pi^2_{N,A}$ もわかるから，$h=\pi^3_{N,A,B}\circ u$ とおけば $u=\begin{pmatrix}\pi^1_{N,A}\\ \pi^2_{N,A}\\ h\end{pmatrix}$ で，(1.7) をアンカリー化して (1.5) が得られる．

N：カリー化，アンカリー化を通じて，射の列と 2 引数の射とがうまく対応しているんだな．

S：この定理によって，f,g から h を一意に定められることが保証される．この定め方のことを「原始再帰法」と呼ぶんだが，今後しばらくよく使う結果だから次のように記法を定めておこう．

> **定義 8** 自然数対象 $\langle N, 0, s \rangle$ を持ったカルテジアン閉圏において，射 $A \xrightarrow{f} B \xleftarrow{g} N \times A \times B$ から $N \times A \xrightarrow{h} B$ で (1.5) を可換にするようなものを得る手法を**原始再帰法**と呼ぶ．f, g から一意に定まるこの h を $PR_{f,g}$ と書く．

これで自然数対象上の演算がいろいろと定められる．まずは「足し算」について見ていこう．

第 2 話

1. 前者関数の振り返り

S：前回は自然数対象上の演算を定義する際に便利な原始再帰法について話しただけで終わってしまったが，今回はこれを実際に使っていこう．引き続き，自然数対象 $\langle N, 0, s \rangle$ を持ったカルテジアン閉圏を取り扱うとして，まずは前者関数との対応について調べてみるか．再帰の関係式を要素の対応として書いて見比べるとわかりやすいだろう．

N：前者関数 $N \xrightarrow{p} N$ の要素に対する振る舞いは

$$\begin{cases} p \circ 0 = 0 \\ p \circ s \circ n = n, \ n \in N \end{cases} \tag{2.1}$$

だったな．一方で射 $A \xrightarrow{f} B \xleftarrow{g} N \times A \times B$ から原始再帰法によって定められる $N \times A \xrightarrow{PR_{f,g}} B$ は，要素を用いれば

$$\begin{cases} PR_{f,g} \circ \begin{pmatrix} 0 \\ a \end{pmatrix} = f \circ a, \ a \in A \\ PR_{f,g} \circ \begin{pmatrix} s \circ n \\ a \end{pmatrix} = g \circ \begin{pmatrix} n \\ a \\ PR_{f,g} \circ \begin{pmatrix} n \\ a \end{pmatrix} \end{pmatrix}, \ a \in A, \ n \in N \end{cases} \tag{2.2}$$

という形だった．どうも左辺，右辺ともに要らない引数が出てきているようだが．

S：そういう場合は対象を 1 としたり，あるいは適当な射影をとれば良い．今の場合，前者関数は 1 変数なのに $PR_{f,g}$ は 2 変数となっているが，$A = 1$ とすれば $N \times 1 \cong N$ だから実質的には 1 変数となる．g については，見るからに第 1 引数だけをとれば良さそうだ．

だがそのまま $g = \pi^1_{N,A,B}$ としてしまうと，g の「型」に合わない．

N：なるほど，B への射でなく N への射となってしまうな．

S：とはいえ必要なのは N の情報だけだから，g として $N \times A \times B \xrightarrow{\pi^1} N \longrightarrow B$ というかたちの射を考えるとした上で，次のように設定しよう：
$$A \xrightarrow{f} B = 1 \xrightarrow{0} N$$
$$N \times A \times B \xrightarrow{g} B = N \times 1 \times N \xrightarrow{\pi^1} N \xrightarrow{1_N} N$$

N：なんだ，1_N との合成ということは結局は $g = \pi^1$ なのか．

S：結果としてはその通りだが，あくまで $N \times A \times B \xrightarrow{\pi^1} N \longrightarrow B$ という射の特殊な例なのだという点に注意してほしい．$B = N$ でないときにうっかりそのまま適用しようとするのは間違いだからな．この設定の下で

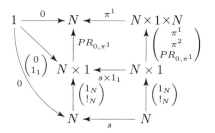

という可換図式が描ける．$p = PR_{0,\pi^1} \circ \begin{pmatrix} 1_N \\ !_N \end{pmatrix}$ とおけばこの図式は

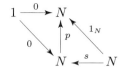

とまとめられて，この p が必要な条件をみたしていることがわかる．

N：必要なデータをうまく取捨選択するところが要点ということか．

2. 後者関数の反復としての和

S: ではいよいよ足し算だ．前者関数のときと同様，成り立ってほしい関係式を要素を基にスケッチして，原始再帰法を適用できるかたちに持っていくことになる．直感的な自然数観からいえば，各自然数 n に対して「与えられた自然数に n を足す」という自然数から自然数への写像を定義したい．その振る舞いを，$n=0$ の場合に対して定めて，さらに n に対しての振る舞いから $n+1$ における振る舞いを定めるんだ．

N: $n=0$ の場合は「0 を足す」ということだから何も変化させない，つまりは自然数上の恒等写像だな．$n+1$ を m に足すと
$$(n+1)+m = (n+m)+1$$
なのだから，「n を足す」上に 1 を足すことになる．

S: $n+1$ についてもそうだが，1 を足すと次の自然数にうつるわけだから，これは自然数対象の後者関数に相当する．というわけで，$N \times N \xrightarrow{\text{add}} N$ として

$$\begin{cases} \text{add} \circ \begin{pmatrix} 0 \\ m \end{pmatrix} = m, & m \in N \\ \text{add} \circ \begin{pmatrix} s \circ n \\ m \end{pmatrix} = s \circ \text{add} \circ \begin{pmatrix} n \\ m \end{pmatrix}, & m, n \in N \end{cases} \quad (2.3)$$

をみたすものがほしいということだ．こちらは前者関数の場合よりはややこしくなくて，原始再帰法を適用する $A \xrightarrow{f} B \xleftarrow{g} N \times A \times B$ として $N \xrightarrow{1_N} N \xleftarrow{s} N \xleftarrow{\pi^3} N \times N \times N$ を考えれば良い．

N: 得られる $PR_{1_N, s \circ \pi^3}$ は

$$N \xrightarrow{1_N} N \xleftarrow{s} N \xleftarrow{\pi^3} N \times N \times N$$

$$\begin{pmatrix} 0 \circ !_N \\ 1_N \end{pmatrix} \Big\downarrow \quad \uparrow PR_{1_N, s \circ \pi^3} \quad \uparrow \begin{pmatrix} \pi^1 \\ \pi^2 \\ PR_{1_N, s \circ \pi^3} \end{pmatrix}$$

$$N \times N \xleftarrow{s \times 1_N} N \times N$$

を可換にするただ一つの射だな．

S：$N \times N \times N \xrightarrow{\pi^3} N$ と合成してまとめれば

$$N \xrightarrow{1_N} N \xleftarrow{s} N$$

$$\begin{pmatrix} 0 \circ !_N \\ 1_N \end{pmatrix} \Big\downarrow \quad \uparrow PR_{1_N, s \circ \pi^3} \quad \uparrow PR_{1_N, s \circ \pi^3}$$

$$N \times N \xleftarrow{s \times 1_N} N \times N$$

となる．言葉でいえば，1 ステップ進めるごとに s を合成していくようなものということだ．今は $N \xrightarrow{s} N$ を基にしてその繰り返しを定めたけれど，この代わりに一般の $A \xrightarrow{f} A$ を基にしてまったく同じようにして f の繰り返しを定義することができる．要は $A \xrightarrow{1_A} A \xleftarrow{f} A \xleftarrow{\pi^3} A \times A \times A$ に原始再帰法を適用すれば良い．

定理 1 自然数対象 $\langle N, 0, s \rangle$ を持ったカルテジアン閉圏における任意の射 $A \xrightarrow{f} A$ に対して， $PR_{1_A, f \circ \pi^3}$ は

$$A \xrightarrow{1_A} A \xleftarrow{f} A \tag{2.4}$$

$$\begin{pmatrix} 0 \circ !_A \\ 1_A \end{pmatrix} \Big\downarrow \quad \uparrow PR_{1_A, f \circ \pi^3} \quad \uparrow PR_{1_A, f \circ \pi^3}$$

$$N \times A \xleftarrow{s \times 1_A} N \times A$$

を可換にするただ一つの射である．これを f の**反復**と呼び，I_f と書く．

N：$A \xrightarrow{f} A$ の反復 $N \times A \xrightarrow{I_f} A$ は，要素に対して

$$\begin{cases} I_f \circ \begin{pmatrix} 0 \\ a \end{pmatrix} = a, \quad a \in A \\ I_f \circ \begin{pmatrix} s \circ n \\ a \end{pmatrix} = f \circ I_f \circ \begin{pmatrix} n \\ a \end{pmatrix}, \quad a \in A, \quad n \in N \end{cases}$$

と振る舞うもので，列

$$a, \; f \circ a, \; f \circ f \circ a, \; \cdots$$

を表したものといえるな．

S：特に s の反復 I_s について直感的にいえば，$I_s \circ \begin{pmatrix} n \\ m \end{pmatrix}$ は「m に s を n 回繰り返す」ということで，「m に n を足したもの」を表していることになる．そこでこの二項演算 $N \times N \xrightarrow{I_s} N$ を μ と書いて，性質を調べていこう．

3．和の性質：単位律

N：和なんだったら「$+$」を使えば良いじゃないか．

S：それはその通りだが，今の時点ではどんなものなのかまったくわかっていないわけだから中立的な表記に留めたんだ．これがモノイドの二項演算のように単位律，結合律をみたしていて，しかも可換律までみたしているということがわかって初めて「$+$」と書くことにしよう．まずわかっていることは，μ は

$$\begin{CD} N @>{1_N}>> N @<{s}<< N \\ @V{\binom{0 \circ !_N}{1_N}}VV @AA{\mu}A @AA{\mu}A \\ @. N \times N @<<{s \times 1_N}< N \times N \end{CD} \quad (2.5)$$

を可換にするただ一つの射だということだ．これだけでもいろい

ろわかって，たとえば「1を足す」という射 $\mu \circ \begin{pmatrix} s \circ 0 \circ !_N \\ 1_N \end{pmatrix}$ について考えると

$$\mu \circ \begin{pmatrix} s \circ 0 \circ !_N \\ 1_N \end{pmatrix} = \mu \circ (s \times 1_N) \circ \begin{pmatrix} 0 \circ !_N \\ 1_N \end{pmatrix} = s \circ \mu \circ \begin{pmatrix} 0 \circ !_N \\ 1_N \end{pmatrix} = s$$

となって，「自然数に1を足す」ということは「次の自然数を求める」ということに他ならないことがわかる．

N：ふうん，μ は I_s で，これは指定された回数だけ s を合成するというものなのだから当たり前のことではあるが，こうやっていろいろと飾り付けるとそれっぽく聞こえるものだな．

S：なんてひねくれた感想なんだ．もっと自然数対象の普遍性のありがたみがわかるような事例を挙げよう．(2.5) の左側の三角形は単位律の片割れを表しているから，もう片方である

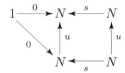

の可換性について考えるとしようじゃないか．$\mu \circ \begin{pmatrix} 1_N \\ 0 \circ !_N \end{pmatrix}$ が 1_N に等しいことをいうのに，自然数対象の普遍性が使える．$1 \xrightarrow{0} N \xrightarrow{s} N$ 自身について，自然数対象の普遍性によって $N \xrightarrow{u} N$ で

を可換にするものがただ一つ存在する．もちろん $u = 1_N$ なんだ

が，$u = \mu \circ \begin{pmatrix} 1_N \\ 0 \circ !_N \end{pmatrix}$ としてこの図式が可換になれば，自然数対象の普遍性によって両者が等しいといえる．

N：なるほど，それは便利そうだ．左側の三角形については
$$\mu \circ \begin{pmatrix} 1_N \\ 0 \circ !_N \end{pmatrix} \circ 0 = \mu \circ \begin{pmatrix} 0 \\ 0 \end{pmatrix} = \mu \circ \begin{pmatrix} 0 \circ !_N \\ 1_N \end{pmatrix} \circ 0 = 1_N \circ 0 = 0$$
で，右側の四角形については
$$\mu \circ \begin{pmatrix} 1_N \\ 0 \circ !_N \end{pmatrix} \circ s = \mu \circ \begin{pmatrix} s \\ 0 \circ !_N \end{pmatrix} = \mu \circ (s \times 1_N) \circ \begin{pmatrix} 1_N \\ 0 \circ !_N \end{pmatrix} = s \circ \mu \circ \begin{pmatrix} 1_N \\ 0 \circ !_N \end{pmatrix}$$
となるから確かに図式は可換で，$\mu \circ \begin{pmatrix} 1_N \\ 0 \circ !_N \end{pmatrix} = 1_N$ がいえる．

4．和の性質：結合律

S：単位律についてはわかったから，次は結合律について調べよう．ここでもまた一般の射の反復について考えると和についての結果が得られるんだ．鍵となる考え方は，射を「m 回作用させたあとに n 回作用させる」ことと「$(m+n)$ 回作用させる」こととが等しくなるということだ．

N：射を $A \xrightarrow{f} A$ とすると，$a \in A$ に対して
$$\underbrace{f \circ \cdots \circ f}_{n} \circ (\underbrace{f \circ \cdots \circ f}_{m} \circ a) = \underbrace{f \circ \cdots \circ f}_{n+m} \circ a$$
ということか？ 当たり前のように思えるがなあ．

S：「当たり前」に思えるのは，それだけ自然数に慣れ親しんでいるからだ．自然数対象の普遍性というのは，今君が「…」で省略した部分を一切の曖昧性なく記述しきるための性質といっても良いだろう．というわけでこんな雑な言い方ではなくて，ちゃんと圏論の言葉で述べよう．

> **定理2** 自然数対象 $\langle N, 0, s \rangle$ を持ったカルテジアン閉圏における射 $A \xrightarrow{f} A$ の反復 $N \times A \xrightarrow{I_f} A$ について
>
> $$\begin{array}{ccc} N \times (N \times A) & \xrightarrow{\cong} & (N \times N) \times A \\ {\scriptstyle 1_N \times I_f} \downarrow & & \downarrow {\scriptstyle \mu \times 1_A} \\ N \times A & & N \times A \\ & \searrow_{I_f} \quad {}_{I_f}\swarrow & \\ & A & \end{array} \quad (2.6)$$
>
> は可換である．

N：随分ややこしい形だが，これも自然数対象の普遍性から出るのか？

S：そのとおりだ．今回は $1 \xrightarrow{\hat{I}_f} A^{N \times A} \xleftarrow{f^{N \times A}} A^{N \times A}$ を考えればうまくいく．アンカリー化したかたちでいえば，$N \times (N \times A) \xrightarrow{u} A$ で

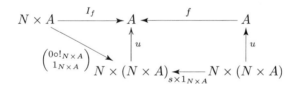

を可換にするものがただ一つ存在する．同型射 $(X \times Y) \times Z \xrightarrow{\cong} X \times (Y \times Z)$ を $\alpha_{X,Y,Z}$ と表すことにする．u として $I_f \circ (1_N \times I_f)$ を用いた場合，$I_f \circ (\mu \times 1_A) \circ \alpha_{N,N,A}^{-1}$ を用いた場合のそれぞれで図式が可換となれば両者が等しいといえる．

N：$I_f \circ (1_N \times I_f)$ について考えると，初期条件の方は

$$I_f \circ (1_N \times I_f) \circ \begin{pmatrix} 0 \circ !_{N \times A} \\ 1_{N \times A} \end{pmatrix}$$
$$= I_f \circ \begin{pmatrix} 0 \circ !_{N \times A} \\ I_f \end{pmatrix} = I_f \circ \begin{pmatrix} 0 \circ !_A \\ 1_A \end{pmatrix} \circ I_f = 1_A \circ I_f = I_f$$

で，漸化式の方は

$$I_f \circ (1_N \times I_f) \circ (s \times 1_{N \times A}) = I_f \circ (s \times 1_A) \circ (1_N \times I_f)$$
$$= f \circ I_f \circ (1_N \times I_f)$$

だから，図式全体が可換だな．

S：もう一方についても同じように確かめれば良いだけだ．$\alpha_{N,N,A}^{-1}$ を成分表示すると $\alpha_{N,N,A}^{-1} = \begin{pmatrix} \pi_{N,N \times A}^1 \\ \pi_{N,A}^1 \circ \pi_{N,N \times A}^2 \\ \pi_{N,A}^2 \circ \pi_{N,N \times A}^2 \end{pmatrix}$ だから

$$I_f \circ (\mu \times 1_A) \circ \alpha_{N,N,A}^{-1} \circ \begin{pmatrix} 0 \circ !_{N \times A} \\ 1_{N \times A} \end{pmatrix} = I_f \circ (\mu \times 1_A) \circ \begin{pmatrix} 0 \circ !_{N \times A} \\ \pi_{N,A}^1 \\ \pi_{N,A}^2 \end{pmatrix}$$
$$= I_f \circ \begin{pmatrix} \mu \circ \begin{pmatrix} 0 \circ !_{N \times A} \\ \pi_{N,A}^1 \end{pmatrix} \\ \pi_{N,A}^2 \end{pmatrix}$$
$$= I_f \circ \begin{pmatrix} \mu \circ \begin{pmatrix} 0 \circ !_N \\ 1_N \end{pmatrix} \circ \pi_{N,A}^1 \\ \pi_{N,A}^2 \end{pmatrix}$$
$$= I_f \circ \begin{pmatrix} \pi_{N,A}^1 \\ \pi_{N,A}^2 \end{pmatrix}$$
$$= I_f$$
$$I_f \circ (\mu \times 1_A) \circ \alpha_{N,N,A}^{-1} \circ (s \times 1_{N \times A}) = I_f \circ (\mu \times 1_A) \circ ((s \times 1_N) \times 1_A) \circ \alpha_{N,N,A}^{-1}$$
$$= I_f \circ ((\mu \circ (s \times 1_N)) \times 1_A) \circ \alpha_{N,N,A}^{-1}$$
$$= I_f \circ ((s \circ \mu) \times 1_A) \circ \alpha_{N,N,A}^{-1}$$
$$= I_f \circ (s \times 1_A) \circ (\mu \times 1_A) \circ \alpha_{N,N,A}^{-1}$$
$$= f \circ I_f \circ (\mu \times 1_A) \circ \alpha_{N,N,A}^{-1}$$

で，自然数対象の普遍性により (2.6) は可換だ．定理 2 を後者関数 s に適用すれば (2.6) は結合律そのものだ．

N：ああ，確かにモノイドの結合律を表す図式になっているな．我々の「直感的な自然数観」とやらに従えば，自然数 n, m, k に対して，k に m を足してから n を足した「$\underbrace{s \circ \cdots \circ s}_{n} \circ (\underbrace{s \circ \cdots \circ s}_{m} \circ k)$」と，$k$ に $m+n$ を足した「$\underbrace{s \circ \cdots \circ s}_{m+n} \circ k$」とが等しいということか．

S：単位律，結合律がいえたからモノイド対象としての性質をみたすことがわかった．

> **定理3**　$\mathcal{C}$ は自然数対象 $\langle N, 0, s \rangle$ を持ったカルテジアン閉圏とする．後者関数 s の反復 I_s について，三つ組 $\langle N, I_s, 0 \rangle$ のモノイド対象である．特に集合圏 **Set** において，組 $\langle N, I_s, 0 \rangle$ はモノイドである．

次回は可換律が成り立つことを示そう．

第 3 話

1. 和の性質：可換律

S：前回は，後者関数 s の反復 I_s が単位律，結合律をみたすことを示した．

N：となると，集合圏 **Set** において $\langle N, I_s, 0 \rangle$ は量系ということで，この群化を考えることで「整数全体」が考えられるな．

S：そういうことだ．前回に引き続き I_s を μ と書く．μ が可換律をみたすとは，同型射 $X \times Y \longrightarrow Y \times X$ を $\sigma_{X,Y}$ と書けば，

$$\begin{array}{ccc} N \times N & \xrightarrow{\sigma_{N,N}} & N \times N \\ & \searrow \mu \quad \mu \swarrow & \\ & N & \end{array} \tag{3.1}$$

が可換であるということだ．ここでもやはり自然数対象の普遍性が使える．

N：そもそも μ は

$$\begin{array}{ccccc} N & \xrightarrow{1_N} & N & \xleftarrow{s} & N \\ {\tiny\begin{pmatrix}0\circ!_N\\1_N\end{pmatrix}} & \searrow & \uparrow \mu & & \uparrow \mu \\ & & N \times N & \xleftarrow{s \times 1_N} & N \times N \end{array} \tag{3.2}$$

を可換にする唯一の射だったから，$\mu \circ \sigma_{N,N}$ もこの図式を可換にすることがいえれば良いということだな．左側の三角形については

$$\mu \circ \sigma_{N,N} \circ \begin{pmatrix} 0 \circ !_N \\ 1_N \end{pmatrix} = \mu \circ \begin{pmatrix} 1_N \\ 0 \circ !_N \end{pmatrix}$$

で，これは単位律により 1_N に等しいから可換だ．右側の四角形は

$$\mu \circ \sigma_{N,N} \circ (s \times 1_N) = \mu \circ (1_N \times s) \circ \sigma_{N,N}$$

だから，$\mu \circ (1_N \times s) = s \circ \mu$ でもない限り可換になりそうにないな．残念だなあ．

S：勝手に話を終わらせるんじゃない．これもまた自然数対象の普遍性からわかることだ．$1 \xrightarrow{\dot{s}} N^N \xleftarrow{s^N} N^N$ を考えると，$N \times N \xrightarrow{u} N$ で

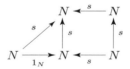
(3.3)

を可換にするようなものがただ一つ存在することがわかる．

N：μ を定める図式 (3.2) の初期条件をずらして 1 足すようにしているのか．なら与えられた数の組の和を求めてから次の自然数を返す $s \circ \mu$ がこの図式を可換にするはずだな．

S：(3.2) の上側に可換図式

を組み合わせれば，(3.3) は $u = s \circ \mu$ としたときに可換になることがわかる．一方，$u = \mu \circ (1_N \times s)$ としても

$$\mu \circ (1_N \times s) \circ \begin{pmatrix} 0 \circ !_N \\ 1_N \end{pmatrix} = \mu \circ \begin{pmatrix} 0 \circ !_N \\ 1_N \end{pmatrix} \circ s = s$$

$$\mu \circ (1_N \times s) \circ (s \times 1_N) = \mu \circ (s \times 1_N) \circ (1_N \times s) = s \circ \mu \circ (1_N \times s)$$

と，(3.3) は可換になる．だから $\mu \circ (1_N \times s) = s \circ \mu$ で，(3.2) は

$N \times N \longrightarrow N$ として $\mu \circ \sigma_{N,N}$ を用いても可換であることがわかる．よって $\mu \circ \sigma_{N,N} = \mu$ だ．

> **定理1** 自然数対象 $\langle N, 0, s \rangle$ を持ったカルテジアン閉圏において，後者関数 s の反復 I_s は可換律をみたす．特に集合圏 **Set** において，組 $\langle N, I_s, 0 \rangle$ は量系である．

と，ここまでわかれば，I_s のことを晴れて「$+$」と書き，**和**と呼ぶことにしよう．$n, m \in N$ に対して $+ \circ \binom{n}{m}$ のことを「$m+n$」と書くことにする．今までわかったことを要素を用いて書けば，任意の $n, m, k \in N$ に対して
$$n + 0 = n = 0 + n$$
$$(k+m) + n = k + (m+n)$$
$$m + n = n + m$$
ということで，どこからどう見ても「普通の自然数」らしいものになっている．

N：君，こんな当たり前の話をするために延々と時間をかけていたのかね？ けしからんなあ．

S：「当たり前」ではあるが，これが基本的には「自然数対象の普遍性」だけを拠り所として出てくるというのが重要なんじゃないか．集合圏 **Set** だけではなく，自然数対象を持ったカルテジアン閉圏一般で成り立つことなのだと確かめられたわけだ．それに，自然数であってもたとえば可換律について見ると，そもそも「$m+n$」というのは「m に s を n 回作用させたもの」ということだったけれど，これが「n に s を m 回作用させたもの」である「$n+m$」に一

致しているというのは，言葉で言い表せばそんなに自明な話でもない．これはまさに N の列としての基本的な性質であるわけだ．

N：ふうん，要は，列に対して普遍的なものがあれば，それは自然数のようなものでなければならないということか．

2. 和の性質：簡約律

S：量系として重要な性質として，あとは簡約律を確かめておこう．

N：簡約律が成り立つということは，任意の $n, m, k \in N$ に対して
$$n+k = m+k \quad \text{ならば} \quad n = m$$
ということか．これも自然数としては当たり前のことだな．

S：直感的には，「$n+k$」というのは
$$n+k = k+n = I_s \circ \binom{k}{n} = \underbrace{s \circ \cdots \circ s}_{k} \circ n$$
ということだったから，両辺に p を k 回作用させれば良いだろうということがすぐわかる．

N：つまり，今度は p の反復 I_p が必要になるわけか．

S：定め方としては，$N \times N \xrightarrow{I_p} N$ は，

$$
\begin{array}{ccccc}
N & \xrightarrow{1_N} & N & \xleftarrow{p} & N \\
{\scriptstyle \binom{0 \circ !_N}{1_N}} \downarrow & \nearrow & \uparrow {\scriptstyle I_p} & & \uparrow {\scriptstyle I_p} \\
& & N \times N & \xleftarrow[s \times 1_N]{} & N \times N
\end{array}
\qquad (3.4)
$$

を可換にするただ一つの射として定義される．自然数 n, m に対して $I_p \circ \binom{n}{m}$ は「m に p を n 回作用させたもの」を意味しているといえる．

N：となると，これは「差」を表しているわけか．

S：n が m より大きい場合だと，n 回作用させる前に 0 になってしまうから完全ではないけれどな．

N：なるほど，$p \circ 0 = 0$ だからか．たとえば「$2-1$」には $I_p \circ \begin{pmatrix} s \circ 0 \\ s \circ s \circ 0 \end{pmatrix}$ が対応していて，これは

$$\begin{aligned} I_p \circ \begin{pmatrix} s \circ 0 \\ s \circ s \circ 0 \end{pmatrix} &= I_p \circ (s \times 1) \circ \begin{pmatrix} 0 \\ s \circ s \circ 0 \end{pmatrix} \\ &= p \circ I_p \circ \begin{pmatrix} 0 \circ !_N \\ 1_N \end{pmatrix} \circ s \circ s \circ 0 \\ &= p \circ s \circ s \circ 0 \\ &= s \circ 0 \end{aligned}$$

と「1」が答えとして得られるけれど，「$1-2$」にあたる式は

$$\begin{aligned} I_p \circ \begin{pmatrix} s \circ s \circ 0 \\ s \circ 0 \end{pmatrix} &= I_p \circ (s \times 1) \circ (s \times 1) \circ \begin{pmatrix} 0 \\ s \circ 0 \end{pmatrix} \\ &= p \circ p \circ I_p \circ \begin{pmatrix} 0 \circ !_N \\ 1_N \end{pmatrix} \circ s \circ 0 \\ &= p \circ p \circ s \circ 0 \\ &= 0 \end{aligned}$$

で，答えは「0」となる．

S：そういうわけで和の逆演算とはならないのだけれど，足したあとで引く分には問題ない．これは $p \circ s$ が恒等射であることに対応した結果で，簡約律を示すためにはこれで充分だ．示したいことを要素を用いていえば，$n, m \in N$ に対して $I_p \circ \begin{pmatrix} n \\ n+m \end{pmatrix} = m$，つまり「$m$ に n を足したあとに n を引けば m に戻る」ということだ．

N：$\begin{pmatrix} n \\ m \end{pmatrix}$ に対する作用として書けば，$n = \pi^1 \circ \begin{pmatrix} n \\ m \end{pmatrix}$ だから左辺は $I_p \circ \begin{pmatrix} \pi^1 \\ + \end{pmatrix} \circ \begin{pmatrix} n \\ m \end{pmatrix}$ と変形できる．つまり射として $I_p \circ \begin{pmatrix} \pi^1 \\ + \end{pmatrix} = \pi^2$ であ

ることがわかれば良いな．

S：いつもの通り，適当な列を考えて自然数対象の普遍性から両者が一致することを示せば良い．$1 \xrightarrow{\widehat{1_N}} N^N \xleftarrow{(1_N)^N} N^N$ に対して，$N \times N \xrightarrow{u} N$ で

$$N \xrightarrow{1_N} N \xleftarrow{1_N} N$$

$$\begin{pmatrix} 0 \circ !_N \\ 1_N \end{pmatrix} \nearrow \uparrow u \quad \uparrow u$$

$$N \times N \xleftarrow{s \times 1_N} N \times N \qquad (3.5)$$

を可換にするものがただ一つ存在する．

N：第1成分が変わっていっても u でのうつり先に変化がないということで，$u = \pi^2$ が答えだろう．

S：実際，

$$\pi^2 \circ \begin{pmatrix} 0 \circ !_N \\ 1_N \end{pmatrix} = 1_N$$

$$\pi^2 \circ (s \times 1_N) = \pi^2 \circ \begin{pmatrix} s \circ \pi^1 \\ \pi^2 \end{pmatrix} = \pi^2 = 1_N \circ \pi^2$$

だ．あとは $u = I_p \circ \begin{pmatrix} \pi^1 \\ + \end{pmatrix}$ もこの図式を可換にすることがわかれば良い．

N：初期条件の方は

$$I_p \circ \begin{pmatrix} \pi^1 \\ + \end{pmatrix} \circ \begin{pmatrix} 0 \circ !_N \\ 1_N \end{pmatrix} = I_p \circ \begin{pmatrix} 0 \circ !_N \\ 1_N \end{pmatrix} = 1_N$$

で大丈夫，漸化式の方は

$$I_p \circ \begin{pmatrix} \pi^1 \\ + \end{pmatrix} \circ (s \times 1_N) = I_p \circ \begin{pmatrix} s \circ \pi^1 \\ s \circ + \end{pmatrix} = I_p \circ (s \times s) \circ \begin{pmatrix} \pi^1 \\ + \end{pmatrix}$$

となる．

S：$I_p \circ (s \times s)$ というのは，「引く方，引かれる方それぞれに1を足し

てから引く」ということで，当然何もせずに引いた場合と一致するはず，つまり $I_p \circ (s \times s) = I_p$ だろうと予想がつくだろう．

N： もしそうなら，さっきの図式は可換で，自然数対象の普遍性によって $I_p \circ \begin{pmatrix} \pi^1 \\ + \end{pmatrix} = \pi^2$ がいえるな．

S： それで問題の等式だが，$I_p \circ (s \times s)$ が (3.4) を可換にすることが示せれば良い．四角形の方は，下側に

$$
\begin{array}{ccc}
N \times N & \xleftarrow{s \times 1_N} & N \times N \\
{\scriptstyle s \times s} \uparrow & & \uparrow {\scriptstyle s \times s} \\
N \times N & \xleftarrow[s \times 1_N]{} & N \times N
\end{array}
$$

を組み合わせれば良い．三角形の方は

$$
\begin{aligned}
I_p \circ (s \times s) \circ \begin{pmatrix} 0 \circ !_N \\ 1_N \end{pmatrix} &= I_p \circ (s \times 1_N) \circ (1_N \times s) \circ \begin{pmatrix} 0 \circ !_N \\ 1_N \end{pmatrix} \\
&= p \circ I_p \circ (1_N \times s) \circ \begin{pmatrix} 0 \circ !_N \\ 1_N \end{pmatrix} \\
&= p \circ I_p \circ \begin{pmatrix} 0 \circ !_N \\ 1_N \end{pmatrix} \circ s \\
&= p \circ s \\
&= 1_N
\end{aligned}
$$

だから問題ない．

N： これで $I_p \circ (s \times s) = I_p$ とわかったから，(3.5) で $u = I_p \circ \begin{pmatrix} \pi^1 \\ + \end{pmatrix}$ とおいたときに図式が可換となる．よって $I_p \circ \begin{pmatrix} \pi^1 \\ + \end{pmatrix} = \pi^2$ だ．

S： 通常の「引き算」と区別するために I_p は「$\dot{-}$」と書かれることが多い．$n, m \in N$ に対して $\dot{-} \circ \begin{pmatrix} n \\ m \end{pmatrix}$ のことを「$m \dot{-} n$」と書くことにする．まとめると

> **定理 2**　自然数対象 $\langle N, 0, s \rangle$ を持ったカルテジアン閉圏において，前者関数 p の反復 $\dot{-}$ について
> $$\dot{-} \circ \begin{pmatrix} \pi^1_{N,N} \\ + \end{pmatrix} = \pi^2_{N,N} \tag{3.6}$$
> が成り立つ．任意の $n, m \in N$ に対して
> $$(m+n) \dot{-} n = m \tag{3.7}$$
> が成り立つ．

ということだ．(3.7) で $m=0$ とすれば $n \dot{-} n = 0$ だということがわかるが，これは (3.6) の右から $\begin{pmatrix} 1_N \\ 0 \circ !_N \end{pmatrix}$ を合成することに相当する．

■系 3 ■　自然数対象 $\langle N, 0, s \rangle$ を持ったカルテジアン閉圏において，前者関数 p の反復 $\dot{-}$ について
$$\dot{-} \circ \begin{pmatrix} 1_N \\ 1_N \end{pmatrix} = 0 \circ !_N$$
が成り立つ．任意の $n \in N$ に対して
$$n \dot{-} n = 0$$
が成り立つ．

また (3.6) の右から $\sigma_{N,N}$ を合成することで

■系 4 ■　自然数対象 $\langle N, 0, s \rangle$ を持ったカルテジアン閉圏において，前者関数 p の反復 $\dot{-}$ について
$$\dot{-} \circ \begin{pmatrix} \pi^2_{N,N} \\ + \end{pmatrix} = \pi^1_{N,N}$$
が成り立つ．

と対称的な結果が得られる.

N: $\pi^1 \circ \sigma = \pi^2$, $\pi^2 \circ \sigma = \pi^1$ で,「+」は可換律をみたすからな.

S: それで簡約律についてだが, $n, m, k \in N$ に対して $n+k = m+k$ であるとする. 定理 2 によって
$$n = (n+k) \mathbin{\dot{-}} k = (m+k) \mathbin{\dot{-}} k = m$$
がいえるから

> **■系 5 ■** 集合圏 **Set** において,量系 $\langle N, I_s, 0\rangle$ は簡約律をみたす.

ことがわかる.次は「掛け算」について考えよう.

第4話

1. 自然数対象における積

S：自然数対象における和の話が一段落ついたから積の話に移ろう．定義の仕方については今までと同様，直感的な自然数観に基づき，自然数同士の積について成り立つ再帰的な関係式から考えれば良い．

N：「0 をかけたらどうなるか」ということと「$n+1$ をかけたときの関係式」とを考えれば良いな．自然数 n, m に対して
$$m \times 0 = 0$$
$$m \times (n+1) = m \times n + m$$
が成り立つ．原始再帰法を適用できる形で書けば
$$m \times 0 = 0 \circ !_N \circ m$$
$$m \times (n+1) = + \circ \begin{pmatrix} \pi^2_{N,N,N} \\ \pi^3_{N,N,N} \end{pmatrix} \circ \begin{pmatrix} n \\ m \\ m \times n \end{pmatrix}$$
だな．

S：というわけで，自然数対象における「積」としては，$N \xrightarrow{!_N} 1 \xrightarrow{0} N$ および $N \times N \times N \xrightarrow{\begin{pmatrix} \pi^2 \\ \pi^3 \end{pmatrix}} N \times N \xrightarrow{+} N$ に原始再帰法を適用して得られる射を考えれば良いだろう．

> **定義1** 自然数対象 $\langle N, 0, s \rangle$ を持ったカルテジアン閉圏において，射 $N \times N \xrightarrow{\nu} N$ で
> $$\begin{array}{ccccc} N & \xrightarrow{0 \circ !_N} & N & \xleftarrow{+} & N \times N \\ {\scriptsize \begin{pmatrix} 0 \circ !_N \\ 1_N \end{pmatrix}} \downarrow & & \uparrow \nu & & \uparrow {\scriptsize \begin{pmatrix} \pi^2 \\ \nu \end{pmatrix}} \\ & & N \times N & \xleftarrow{s \times 1_N} & N \times N \end{array} \qquad (4.1)$$

> を可換にするものが一意に存在する．これを自然数対象における**積**と呼ぶ．

和の場合と同じく慣れ親しんだ記号「$\times$」を使いたいところだが，射の積で使ってしまっているから，射としては当面 ν を用いることにしよう．ただし N の要素同士の積については「$\times$」を使って，$n, m \in N$ に対し $\nu \circ \binom{n}{m}$ のことを「$m \times n$」と書くことにする[※1]．

2. 和の反復としての掛け算との整合性

N：あとは和のときと同様にモノイドであることだとか可換律だとかを確かめていけば良いわけか．

S：もちろん必要なことだが，その前に我々の慣れ親しんだ「自然数同士の掛け算」との関係を見ていこう．たとえば「2 の 3 倍」というものは「2 を 3 つ足し合わせたもの」という解釈ができる．この「繰り返し」の観点から見て，今定めた積が整合的なものになっていることを確かめたいが，「繰り返し」といえば「反復」だ．「2 を足すという操作を 3 回繰り返せば 2 の 3 倍を足すことに相当する」と言い換えれば射の反復の話になる．

N：なるほどな．「2 を足すという操作」はどう定めるんだ．

S：$+$ に対して N の要素を 1 つ部分適用すれば良い．$m \in N$ をとって，$N \xrightarrow{+m} N$ を

[※1] 「$+$」や「$\dot{-}$」との平仄を合わせるため，第 1 引数である n を後ろに置いている．

$$N \xrightarrow{\binom{m \circ !_N}{1_N}} N \times N \xrightarrow{+} N$$

で定める．こうすると，$n, a \in N$ に対して $I_{+m} \circ \binom{n}{a}$ は

$$I_{+m} \circ \binom{n}{a} = a + \underbrace{m + \cdots + m}_{n}$$

を意味することになる．だから，$\binom{n}{a} \in N \times N$ に対して「m, n の積をとった上で a と足し合わせる」射

$$N \times N \xrightarrow{\binom{1_N}{m \circ !_N} \times 1_N} (N \times N) \times N \xrightarrow{\nu \times 1_N} N \times N \xrightarrow{+} N$$

を考えて，これが I_{+m} と一致することがわかれば良い．

N：I_{+m} は

を可換にする一意な射だから，この図式の可換性を確認すれば良いな．初期条件の方は

$$+ \circ \left(\nu \circ \binom{1_N}{m \circ !_N} \times 1_N \right) \circ \binom{0 \circ !_N}{1_N} = + \circ \left(\nu \circ \binom{0 \circ !_N}{m \circ !_N} \right)$$

で，第 1 成分は

$$\nu \circ \binom{0 \circ !_N}{m \circ !_N} = \nu \circ \binom{0 \circ !_N}{1_N} \circ m \circ !_N = 0 \circ !_N \circ m \circ !_N = 0 \circ !_N$$

だから

$$+ \circ \left(\nu \circ \binom{1_N}{m \circ !_N} \times 1_N \right) \circ \binom{0 \circ !_N}{1_N} = + \circ \binom{0 \circ !_N}{1_N} = 1_N$$

となるから問題ない．漸化式の方は

$$+ \circ \left(\nu \circ \binom{1_N}{m \circ !_N} \times 1_N \right) \circ (s \times 1_N) = + \circ \left(\nu \circ \binom{1_N}{m \circ !_N} \circ s \times 1_N \right)$$

第 4 話

で，$\nu \circ \begin{pmatrix} 1_N \\ m \circ !_N \end{pmatrix} \circ s$ について は

$$\nu \circ \begin{pmatrix} 1_N \\ m \circ !_N \end{pmatrix} \circ s = \nu \circ \begin{pmatrix} s \\ m \circ !_N \end{pmatrix} = \nu \circ (s \times 1_N) \circ \begin{pmatrix} 1_N \\ m \circ !_N \end{pmatrix}$$

だ．$\nu \circ (s \times 1_N) = + \circ \begin{pmatrix} \pi^2 \\ \nu \end{pmatrix}$ だから，さらに変形すると

$$+ \circ \begin{pmatrix} \pi^2 \\ \nu \end{pmatrix} \circ \begin{pmatrix} 1_N \\ m \circ !_N \end{pmatrix} = + \circ \begin{pmatrix} m \circ !_N \\ \nu \circ \begin{pmatrix} 1_N \\ m \circ !_N \end{pmatrix} \end{pmatrix} = + \circ \begin{pmatrix} m \circ !_N \\ 1_N \end{pmatrix} \circ \nu \circ \begin{pmatrix} 1_N \\ m \circ !_N \end{pmatrix}$$

となる．元の式は

$$+ \circ \left(\nu \circ \begin{pmatrix} 1_N \\ m \circ !_N \end{pmatrix} \times 1_N \right) \circ (s \times 1_N)$$
$$= + \circ \left(+ \circ \begin{pmatrix} m \circ !_N \\ 1_N \end{pmatrix} \circ \nu \circ \begin{pmatrix} 1_N \\ m \circ !_N \end{pmatrix} \times 1_N \right)$$
$$= + \circ (+ \times 1_N) \circ \left(\begin{pmatrix} m \circ !_N \\ 1_N \end{pmatrix} \times 1_N \right) \circ \left(\nu \circ \begin{pmatrix} 1_N \\ m \circ !_N \end{pmatrix} \times 1_N \right)$$

と変形できる．なんだこれは，気持ち悪い．

S：あとは，同型 $(N \times N) \times N \longrightarrow N \times (N \times N)$ を α とおけば，和の結合律が

$$+ \circ (+ \times 1_N) = + \circ (1_N \times +) \circ \alpha$$

と表せて，さらに

$$\alpha \circ \left(\begin{pmatrix} m \circ !_N \\ 1_N \end{pmatrix} \times 1_N \right) = \begin{pmatrix} \pi^1_{N,N} \circ \pi^1_{N \times N, N} \\ \pi^2_{N,N} \circ \pi^1_{N \times N, N} \\ \pi^2_{N \times N, N} \end{pmatrix} \circ \left(\begin{pmatrix} m \circ !_N \\ 1_N \end{pmatrix} \circ \pi^1_{N,N} \\ \pi^2_{N,N} \right)$$
$$= \begin{pmatrix} m \circ !_{N \times N} \\ \begin{pmatrix} \pi^1_{N,N} \\ \pi^2_{N,N} \end{pmatrix} \end{pmatrix}$$
$$= \begin{pmatrix} m \circ !_{N \times N} \\ 1_{N \times N} \end{pmatrix}$$

だから

$$+\circ\left(\nu\circ\binom{1_N}{m\circ !_N}\times 1_N\right)\circ(s\times 1_N)$$

$$=+\circ(1_N\times +)\circ\binom{m\circ !_{N\times N}}{1_{N\times N}}\circ\left(\nu\circ\binom{1_N}{m\circ !_N}\times 1_N\right)$$

$$=+\circ\binom{m\circ !_{N\times N}}{+}\circ\left(\nu\circ\binom{1_N}{m\circ !_N}\times 1_N\right)$$

$$=+\circ\binom{m\circ !_N}{1_N}\circ +\circ\left(\nu\circ\binom{1_N}{m\circ !_N}\times 1_N\right)$$

$$=(+m)\circ +\circ\left(\nu\circ\binom{1_N}{m\circ !_N}\times 1_N\right)$$

となる.よって,$N\times N$ から N への射として

$$I_{+m}=+\circ\left(\nu\circ\binom{1_N}{m\circ !_N}\times 1_N\right)$$

だ.

N: $\binom{n}{0}\in N\times N$ に作用させると,左辺はすでに見たとおり

$$I_{+m}\circ\binom{n}{0}=\underbrace{m+\cdots+m}_{n}$$

で,右辺は

$$+\circ\left(\nu\circ\binom{1_N}{m\circ !_N}\times 1_N\right)\circ\binom{n}{0}=+\circ\left(\nu\circ\binom{n}{m}\right)=\nu\circ\binom{n}{m}=m\times n$$

となるから,同じ要素を 0 に足し続けることが自然数対象における積で表せるな.

3.積の性質:可換律

S: さて積の性質についてだが,まずは可換律について調べよう.同型 $X\times Y\longrightarrow Y\times X$ を $\sigma_{X,Y}$ とおいたとき,$\nu\circ\sigma_{N,N}$ もまた (4.1) を可換にすることがわかれば良い.初期条件については

$\nu \circ \sigma_{N,N} \circ \begin{pmatrix} 0 \circ !_N \\ 1_N \end{pmatrix} = \nu \circ \begin{pmatrix} 1_N \\ 0 \circ !_N \end{pmatrix}$ が $0 \circ !_N$ に等しいことを確かめなければならないが，これには $1 \xrightarrow{0} N \xleftarrow{1_N} N$ に対して，自然数対象の普遍性から得られる射 $N \xrightarrow{u} N$ を考えれば良い．

N: u は

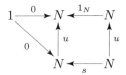

を可換にする一意な射だな．u として $0 \circ !_N$ を考えるとこの図式は可換になるから，$\nu \circ \begin{pmatrix} 1_N \\ 0 \circ !_N \end{pmatrix}$ を考えても可換になることが示せれば良い．初期条件の方は

$$\nu \circ \begin{pmatrix} 1_N \\ 0 \circ !_N \end{pmatrix} \circ 0 = \nu \circ \begin{pmatrix} 0 \\ 0 \end{pmatrix} = \nu \circ \begin{pmatrix} 0 \circ !_N \\ 1_N \end{pmatrix} \circ 0 = 0$$

だから成り立っている．漸化式の方は

$$\nu \circ \begin{pmatrix} 1_N \\ 0 \circ !_N \end{pmatrix} \circ s = \nu \circ \begin{pmatrix} s \\ 0 \circ !_N \end{pmatrix}$$
$$= \nu \circ (s \times 1_N) \circ \begin{pmatrix} 1_N \\ 0 \circ !_N \end{pmatrix}$$
$$= + \circ \begin{pmatrix} \pi^2 \\ \nu \end{pmatrix} \circ \begin{pmatrix} 1_N \\ 0 \circ !_N \end{pmatrix}$$

と変形できて，

$$\begin{pmatrix} \pi^2 \\ \nu \end{pmatrix} \circ \begin{pmatrix} 1_N \\ 0 \circ !_N \end{pmatrix} = \begin{pmatrix} 0 \circ !_N \\ \nu \circ \begin{pmatrix} 1_N \\ 0 \circ !_N \end{pmatrix} \end{pmatrix} = \begin{pmatrix} 0 \circ !_N \\ 1_N \end{pmatrix} \circ \nu \circ \begin{pmatrix} 1_N \\ 0 \circ !_N \end{pmatrix}$$

だから

$$\nu \circ \begin{pmatrix} 1_N \\ 0 \circ !_N \end{pmatrix} \circ s = 1_N \circ \nu \circ \begin{pmatrix} 1_N \\ 0 \circ !_N \end{pmatrix}$$

となる．これで

$$\nu \circ \sigma_{N,N} \circ \begin{pmatrix} 0 \circ !_N \\ 1_N \end{pmatrix} = 0 \circ !_N$$

がわかった.

S: あとは $\nu \circ \sigma_{N,N} \circ (s \times 1_N)$ と $+ \circ \begin{pmatrix} \pi^2 \\ \nu \circ \sigma_{N,N} \end{pmatrix}$ とが等しいことを示せば良い. 前者は

$$\nu \circ \sigma_{N,N} \circ (s \times 1_N) = \nu \circ (1_N \times s) \circ \sigma_{N,N}$$

と変形でき, 後者は $1_N = \sigma_{N,N} \circ \sigma_{N,N}$ によって

$$+ \circ \begin{pmatrix} \pi^2 \\ \nu \circ \sigma_{N,N} \end{pmatrix} = + \circ \begin{pmatrix} \pi^2 \circ \sigma_{N,N} \\ \nu \end{pmatrix} \circ \sigma_{N,N} = + \circ \begin{pmatrix} \pi^1 \\ \nu \end{pmatrix} \circ \sigma_{N,N}$$

と変形できるから, $\nu \circ (1_N \times s)$ と $+ \circ \begin{pmatrix} \pi^1 \\ \nu \end{pmatrix}$ との等しさを考える問題になる. あとは自然数対象の普遍性を使えるようなうまい列を見付ければ良い. $\nu \circ (1_N \times s)$ の自然数の組 $\begin{pmatrix} n+1 \\ m \end{pmatrix}$ への作用を見ると

$$\nu \circ (1_N \times s) \circ \begin{pmatrix} n+1 \\ m \end{pmatrix} = (m+1) \times (n+1)$$
$$= \nu \circ (1_N \times s) \circ \begin{pmatrix} n \\ m \end{pmatrix} + m + 1$$

だ. これと積 ν の作用

$$\nu \circ \begin{pmatrix} n+1 \\ m \end{pmatrix} = m \times (n+1) = m \times n + m = \nu \circ \begin{pmatrix} n \\ m \end{pmatrix} + m$$

とを見比べると, 右辺に積 ν にはなかった $+1$ が出てきていることがわかる. 積は $N \xrightarrow{0 \circ !_N} N \xleftarrow{+ \circ \begin{pmatrix} \pi^2 \\ \pi^3 \end{pmatrix}} N \times N \times N$ に対して原始再帰法を適用して得られた射だったから, $N \xrightarrow{0 \circ !_N} N \xleftarrow{s \circ + \circ \begin{pmatrix} \pi^2 \\ \pi^3 \end{pmatrix}}$ $N \times N \times N$ に対して原始再帰法を適用すると $\nu \circ (1_N \times s)$ を定めることになるはずだ.

N: ふうん, そんなにうまくいくものかなあ. まあとにかく射 $N \times N \xrightarrow{u} N$ で

● 第4話

$$\begin{CD}
N @<{0\circ !_N}<< N @<{s\circ +}<< N\times N \\
@V{\binom{0\circ !_N}{1_N}}VV @AA{u}A @AA{\binom{\pi^2_u}{}}A \\
@. N\times N @<<{s\times 1_N}< N\times N
\end{CD}$$

を可換にするものが一意に存在する．u として $\nu\circ(1_N\times s)$ を考えると，初期条件の方は

$$\nu\circ(1_N\times s)\circ\binom{0\circ !_N}{1_N}=\nu\circ\binom{0\circ !_N}{s}=\nu\circ\binom{0\circ !_N}{1_N}\circ s=0\circ !_N\circ s=0\circ !_N$$

で，漸化式の方は

$$\begin{aligned}
\nu\circ(1_N\times s)\circ(s\times 1_N)&=\nu\circ(s\times 1_N)\circ(1_N\times s)\\
&=+\circ\binom{\pi^2}{\nu}\circ(1_N\times s)\\
&=+\circ\binom{s\circ\pi^2}{\nu\circ(1_N\times s)}\\
&=+\circ(s\times 1_N)\circ\binom{\pi^2}{\nu\circ(1_N\times s)}\\
&=s\circ+\circ\binom{\pi^2}{\nu\circ(1_N\times s)}
\end{aligned}$$

となる．ほう，君のあてずっぽうも捨てたものではないじゃないか．

S：あんなに根拠を説明したのに，なにが「あてずっぽう」だ．あとは u として $+\circ\binom{\pi^1}{\nu}$ を考えたときの可換性を確かめれば良い．初期条件の方は

$$+\circ\binom{\pi^1}{\nu}\circ\binom{0\circ !_N}{1_N}=+\circ\binom{0\circ !_N}{0\circ !_N}=+\circ\binom{0\circ !_N}{1_N}\circ 0\circ !_N=0\circ !_N$$

で可換だ．漸化式の方は

$$+\circ\begin{pmatrix}\pi^1\\\nu\end{pmatrix}\circ(s\times 1_N)=+\circ\begin{pmatrix}s\circ\pi^1\\\nu\circ(s\times 1_N)\end{pmatrix}$$

$$=+\circ(s\times 1_N)\circ\begin{pmatrix}\pi^1\\+\circ\begin{pmatrix}\pi^2\\\nu\end{pmatrix}\end{pmatrix}$$

$$=s\circ+\circ(1_N\times+)\circ\begin{pmatrix}\begin{pmatrix}\pi^1\\\pi^2\end{pmatrix}\\\nu\end{pmatrix}$$

と変形できる.和の結合律から

$$+\circ(1_N\times+)\circ\begin{pmatrix}\begin{pmatrix}\pi^1\\\pi^2\end{pmatrix}\\\nu\end{pmatrix}=+\circ(+\times 1_N)\circ\begin{pmatrix}\begin{pmatrix}\pi^1\\\pi^2\end{pmatrix}\\\nu\end{pmatrix}$$

で,可換律から

$$(+\times 1_N)\circ\begin{pmatrix}\begin{pmatrix}\pi^1\\\pi^2\end{pmatrix}\\\nu\end{pmatrix}=\begin{pmatrix}+\circ\begin{pmatrix}\pi^1\\\pi^2\end{pmatrix}\\\nu\end{pmatrix}=\begin{pmatrix}+\circ\begin{pmatrix}\pi^2\\\pi^1\end{pmatrix}\\\nu\end{pmatrix}=(+\times 1_N)\circ\begin{pmatrix}\begin{pmatrix}\pi^2\\\pi^1\end{pmatrix}\\\nu\end{pmatrix}$$

となって,再度結合律から

$$+\circ(+\times 1_N)\circ\begin{pmatrix}\begin{pmatrix}\pi^2\\\pi^1\end{pmatrix}\\\nu\end{pmatrix}=+\circ(1_N\times+)\circ\begin{pmatrix}\begin{pmatrix}\pi^2\\\pi^1\end{pmatrix}\\\nu\end{pmatrix}=+\circ\begin{pmatrix}\pi^2\\+\circ\begin{pmatrix}\pi^1\\\nu\end{pmatrix}\end{pmatrix}$$

となるから,結局

$$+\circ\begin{pmatrix}\pi^1\\\nu\end{pmatrix}\circ(s\times 1_N)=s\circ+\circ\begin{pmatrix}\pi^2\\+\circ\begin{pmatrix}\pi^1\\\nu\end{pmatrix}\end{pmatrix}$$

だ.これで

■ 補題2 ■ 自然数対象 $\langle N,0,s\rangle$ を持ったカルテジアン閉圏において,積は可換である.

ことがわかった.和の反復との関連でいえば,$n,m\in N$ に対して

$$\underbrace{m+\cdots+m}_{n}=m\times n=n\times m=\underbrace{n+\cdots+n}_{m}$$

第4話

という，馴染みの不思議な関係との対応がついたということだ．次回は単位律，結合律を確認しよう．

第 5 話

1. 積の性質：単位律

S：前回は自然数対象 $\langle N, 0, s \rangle$ における積 $N \times N \xrightarrow{\nu} N$ を，

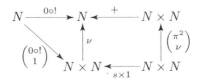

を可換にする唯一の射として定めて，これが和の反復としての作用と整合的であること，そして可換律が成り立つことを確認した．引き続き積の性質について調べていこう．まずは単位律だ．

N：単位律というと「自然数に 1 をかけても変わらない」ということだな．「1」は $s \circ 0$ に対応しているから

$$\nu \circ \begin{pmatrix} 1_N \\ s \circ 0 \circ !_N \end{pmatrix} = 1_N = \nu \circ \begin{pmatrix} s \circ 0 \circ !_N \\ 1_N \end{pmatrix}$$

か．

S：積が可換であることは確かめたから，片方だけについて調べれば良い．いつも通り自然数対象の普遍性を用いて示しても良いけれど[※1]，折角前回和の反復との整合性を確かめたところだからこれを利用しよう．

N：自然数 n に対して，「n をかけること」と「n 回足すこと」とが同じ結果だったから，こうして見れば単位律は明らかに思えるな．

S：$m \in N$ に対して

[※1] $1 \xrightarrow{0} N \xleftarrow{1_N} N$ を考えれば良い．

$$N \xrightarrow{+m} N = N \xrightarrow{\binom{m \circ !_N}{1_N}} N \times N \xrightarrow{+} N$$

と定めると，$+m$ の反復 I_{+m} について

$$I_{+m} = + \circ \left(\nu \circ \begin{pmatrix} 1_N \\ m \circ !_N \end{pmatrix} \times 1_N \right)$$

が成り立つという意味で，積は和の反復と整合的だった[※2]．m として $s \circ 0$ をとれば，射 $+m$ は $+ \circ \begin{pmatrix} s \circ 0 \circ !_N \\ 1_N \end{pmatrix}$ だが，これは s そのものだった[※3]．つまり $m = s \circ 0$ ととったとき $I_{+m} = I_s = +$ ということだ．あとは和の単位律から

$$\begin{aligned}
1_N &= + \circ \begin{pmatrix} 1_N \\ 0 \circ !_N \end{pmatrix} \\
&= + \circ \left(\nu \circ \begin{pmatrix} 1_N \\ s \circ 0 \circ !_N \end{pmatrix} \times 1_N \right) \circ \begin{pmatrix} 1_N \\ 0 \circ !_N \end{pmatrix} \\
&= + \circ \begin{pmatrix} \nu \circ \begin{pmatrix} 1_N \\ s \circ 0 \circ !_N \end{pmatrix} \\ 0 \circ !_N \end{pmatrix} \\
&= + \circ \begin{pmatrix} 1_N \\ 0 \circ !_N \end{pmatrix} \circ \nu \circ \begin{pmatrix} 1_N \\ s \circ 0 \circ !_N \end{pmatrix} \\
&= \nu \circ \begin{pmatrix} 1_N \\ s \circ 0 \circ !_N \end{pmatrix}
\end{aligned}$$

がわかる．

2．和と積との間の分配律

N：可換律，単位律が確かめられたから，あとは結合律だな．

S：いやその前に和と積との間に成り立つ「分配律」を示しておこう．

[※2] 第4話の第2節参照．

[※3] 第2話の第3節参照．

2. 和と積との間の分配律

結合律の証明を自然数対象の普遍性によって示す際に必要になってくるんだ．

N：分配律というと，「自然数 k, m, n に対して
$$(k+m) \times n = k \times n + m \times n \tag{5.1}$$
が成り立つ」というあの分配律か？

S：もちろん射で表現する必要があるがその通りだ．左辺は
$$(k+m) \times n = \nu \circ \left(+ \circ \begin{pmatrix} n \\ m \\ k \end{pmatrix} \right) = \nu \circ (1_N \times +) \circ \left(\begin{pmatrix} n \\ m \\ k \end{pmatrix} \right)$$
と表されるから，右辺も $\left(\begin{pmatrix} n \\ m \\ k \end{pmatrix} \right)$ への作用として表現しよう．

N：$\pi^1_{N, N \times N}$ を作用させれば n が得られて，$\pi^1_{N,N} \circ \pi^2_{N, N\times N}$, $\pi^2_{N,N} \circ \pi^2_{N, N \times N}$ によってそれぞれ m, k が得られるから，$k \times n, m \times n$ はそれぞれ
$$k \times n = \nu \circ \begin{pmatrix} \pi^1_{N,N\times N} \\ \pi^2_{N,N} \circ \pi^2_{N,N \times N} \end{pmatrix} \circ \left(\begin{pmatrix} n \\ m \\ k \end{pmatrix} \right)$$
$$m \times n = \nu \circ \begin{pmatrix} \pi^1_{N,N\times N} \\ \pi^1_{N,N} \circ \pi^2_{N,N \times N} \end{pmatrix} \circ \left(\begin{pmatrix} n \\ m \\ k \end{pmatrix} \right)$$
と表されるな．勘弁してくれ，ややこしい．

S：このままでは成分が多すぎるが，$j = 1, 2$ に対して
$$\begin{pmatrix} \pi^1_{N,N\times N} \\ \pi^j_{N,N} \circ \pi^2_{N,N\times N} \end{pmatrix} = (1 \times \pi^j_{N,N}) \circ \begin{pmatrix} \pi^1_{N,N\times N} \\ \pi^2_{N,N\times N} \end{pmatrix} = 1 \times \pi^j_{N,N}$$
とまとめられる．結局，右辺は
$$k \times n + m \times n = + \circ \begin{pmatrix} m \times n \\ k \times n \end{pmatrix} = + \circ (\nu \times \nu) \circ \begin{pmatrix} 1 \times \pi^1_{N,N} \\ 1 \times \pi^2_{N,N} \end{pmatrix} \circ \left(\begin{pmatrix} n \\ m \\ k \end{pmatrix} \right)$$
となるから，示すべきことは

> **定理 1** 自然数対象 $\langle N, 0, s \rangle$ を持ったカルテジアン閉圏において,
> $$\begin{CD} N \times (N \times N) @>{1 \times +}>> N \times N \\ @V{\binom{1 \times \pi^1}{1 \times \pi^2}}VV @VV{\nu}V \\ (N \times N) \times (N \times N) @>{\nu \times \nu}>> N \times N @>>{+}> N \end{CD} \qquad (5.2)$$
> は可換である.

と表せる.この可換性を**分配律**と呼ぶ.あとは $(k+m) \times n$ の n を変数とみなして原始再帰法を適用し,いつもの流れで普遍性によれば良い.

N: $k+m$ に 0 をかけた場合,$n+1$ をかけた場合について,原始再帰法が適用できるように表現すると

$$(k+m) \times 0 = 0 = 0 \circ !_{N \times N} \circ \binom{m}{k}$$

$$(k+m) \times (n+1) = (k+m) \times n + (k+m)$$

$$= + \circ \begin{pmatrix} + \circ \pi^2_{N, N \times N, N} \\ \pi^3_{N, N \times N, N} \end{pmatrix} \circ \begin{pmatrix} n \\ \binom{m}{k} \\ (k+m) \times n \end{pmatrix}$$

となるから,$N \times N \xrightarrow{0 \circ !} N \xleftarrow{+} N \times N \xleftarrow{+ \times 1} (N \times N) \times N \xleftarrow{\binom{\pi^2}{\pi^3}} N \times (N \times N) \times N$ に対して原始再帰法を適用すれば良い.余分な成分は落としてまとめると,射 $N \times (N \times N) \xrightarrow{u} N$ で

$$\begin{CD} N \times N @>{0 \circ !}>> N @<{+}<< N \times N \\ @V{\binom{0 \circ !}{1}}VV @V{u}VV @AA{\binom{+ \circ \pi^2}{u}}A \\ @. N \times (N \times N) @<<{s \times 1}< N \times (N \times N) \end{CD} \qquad (5.3)$$

を可換にするものが一意に存在する.

S：(5.1) の右辺を基にした原始再帰法だから，当然対応する射 $\nu \circ (1_N \times +)$ を u として用いると (5.3) は可換になる．実際，

$$\nu \circ (1_N \times +) \circ \begin{pmatrix} 0 \circ !_{N \times N} \\ 1_{N \times N} \end{pmatrix} = \nu \circ \begin{pmatrix} 0 \circ !_N \\ 1_N \end{pmatrix} \circ + = 0 \circ !_N \circ + = 0 \circ !_{N \times N}$$

$$\nu \circ (1_N \times +) \circ (s \times 1_{N \times N}) = \nu \circ (s \times 1_N) \circ (1_N \times +)$$
$$= + \circ \begin{pmatrix} \pi^2_{N,N} \\ \nu \end{pmatrix} \circ (1_N \times +)$$
$$= + \circ \begin{pmatrix} + \circ \pi^2_{N, N \times N} \\ \nu \circ (1_N \times +) \end{pmatrix}$$

と計算できる．

N：あとは u として $+ \circ (\nu \times \nu) \circ \begin{pmatrix} 1_N \times \pi^1_{N,N} \\ 1_N \times \pi^2_{N,N} \end{pmatrix}$ を用いた場合か．見るからに面倒そうじゃないか．$j = 1, 2$ に対して

$$\nu \circ (1_N \times \pi^j_{N,N}) \circ \begin{pmatrix} 0 \circ !_{N \times N} \\ 1_{N \times N} \end{pmatrix} = \nu \circ \begin{pmatrix} 0 \circ !_N \\ 1_N \end{pmatrix} \circ \pi^j_{N,N} = 0 \circ !_{N \times N}$$

となるから，$\begin{pmatrix} 0 \circ !_{N \times N} \\ 1_{N \times N} \end{pmatrix}$ への作用は

$$+ \circ (\nu \times \nu) \circ \begin{pmatrix} 1_N \times \pi^1_{N,N} \\ 1_N \times \pi^2_{N,N} \end{pmatrix} \circ \begin{pmatrix} 0 \circ !_{N \times N} \\ 1_{N \times N} \end{pmatrix} = + \circ \begin{pmatrix} 0 \circ !_{N \times N} \\ 0 \circ !_{N \times N} \end{pmatrix}$$
$$= + \circ \begin{pmatrix} 0 \circ !_N \\ 1_N \end{pmatrix} \circ 0 \circ !_{N \times N}$$
$$= 0 \circ !_{N \times N}$$

で，(5.3) の左側の三角形は可換だ．

S：四角形については，$j = 1, 2$ に対して

$$\nu \circ (1_N \times \pi^j_{N,N}) \circ (s \times 1_{N \times N}) = \nu \circ (s \times 1_N) \circ (1_N \times \pi^j_{N,N})$$
$$= + \circ \begin{pmatrix} \pi^2_{N,N} \\ \nu \end{pmatrix} \circ (1_N \times \pi^j_{N,N})$$

であることから

$$+ \circ (\nu \times \nu) \circ \begin{pmatrix} 1_N \times \pi^1_{N,N} \\ 1_N \times \pi^2_{N,N} \end{pmatrix} \circ (s \times 1_{N \times N})$$

$$= + \circ (+ \times +) \circ \left(\begin{pmatrix} \pi_{N,N}^2 \\ \nu \end{pmatrix} \times \begin{pmatrix} \pi_{N,N}^2 \\ \nu \end{pmatrix} \right) \circ \begin{pmatrix} 1_N \times \pi_{N,N}^1 \\ 1_N \times \pi_{N,N}^2 \end{pmatrix} \tag{5.4}$$

と変形できる．あとは + 同士についての互換律を使えば良い．

N：ほう，君がそのように言うということは，その「互換律」とやらについて以前説明したつもりになっていると推測できる．一方で僕の記憶にはまったく残っていないが，両者は矛盾するものではない．だから気に病むことはないぞ．

S：君こそ，君自身の記憶力について気に病んだらどうなんだ．まあ大分前のことであるから，再度述べておこう．互換律とは，2 種類の演算 $\triangle, \square$ の間の関係のことで，要素 a, b, c, d に対して
$$(a \triangle b) \square (c \triangle d) = (a \square c) \triangle (b \square d)$$
が成り立つことを意味する．何度も見てきたが，射の積と合成とは互換律をみたしている．

N：確かに，射 $A \xrightarrow{a} X \xrightarrow{f} Y, B \xrightarrow{b} W \xrightarrow{g} Z$ に対しては
$$(f \times g) \circ (a \times b) = (f \circ a) \times (g \circ b)$$
が成り立つな．それで「+ 同士の」ということは，「$a, b, c, d \in N$ に対して
$$(a+b)+(c+d) = (a+c)+(b+d)$$
が成り立つ」ということか？ そうはまあそうだろうなあ．

S：足し算なんだから当たり前のように見えるが，式変形を追っていくと
$$\begin{aligned}(a+b)+(c+d) &= a+(b+(c+d)) \\ &= a+((b+c)+d) \\ &= a+((c+b)+d) \\ &= a+(c+(b+d)) \\ &= (a+c)+(b+d)\end{aligned}$$
とまあそこそこややこしい話だ．

N：順に，結合律，結合律，可換律，結合律，結合律か．「ケケカケケ」と覚えておこう．

S：なんだそのゲーマーみたいな覚え方は．いつも通り同型 $(A \times B) \times C \longrightarrow A \times (B \times C)$ を $\alpha_{A,B,C}$，同型 $X \times Y \longrightarrow Y \times X$ を $\sigma_{X,Y}$ とすると，この式変形は可換図式によって

$$\begin{array}{ccccccc}
(N\times N)\times(N\times N) & \xrightarrow{1_{N\times N}\times +} & (N\times N)\times N & \xrightarrow{+\times 1_N} & N\times N & \xrightarrow{+} & N \\
{\scriptstyle \alpha_{N,N,N\times N}}\downarrow & & {\scriptstyle \alpha_{N,N,N}}\downarrow & & \| & & \| \\
N\times(N\times(N\times N)) & \xrightarrow{1_N\times(1_N\times +)} & N\times(N\times N) & \xrightarrow{1_N\times +} & N\times N & \xrightarrow{+} & N \\
{\scriptstyle 1_N\times\alpha_{N,N,N}^{-1}}\downarrow & & & & \| & & \| \\
N\times((N\times N)\times N) & \xrightarrow{1_N\times(+\times 1_N)} & N\times(N\times N) & \xrightarrow{1_N\times +} & N\times N & & \| \\
{\scriptstyle 1_N\times(\sigma_{N,N}\times 1_N)}\downarrow & & \| & & \| & & \| \\
N\times((N\times N)\times N) & \xrightarrow{1_N\times(+\times 1_N)} & N\times(N\times N) & \xrightarrow{1_N\times +} & N\times N & & \| \\
{\scriptstyle 1_N\times\alpha_{N,N,N}}\downarrow & & & & \| & & \| \\
N\times(N\times(N\times N)) & \xrightarrow{1_N\times(1_N\times +)} & N\times(N\times N) & \xrightarrow{1_N\times +} & N\times N & \xrightarrow{+} & N \\
{\scriptstyle \alpha_{N,N,N\times N}^{-1}}\downarrow & & {\scriptstyle \alpha_{N,N,N}^{-1}}\downarrow & & \| & & \| \\
(N\times N)\times(N\times N) & \xrightarrow{1_{N\times N}\times +} & (N\times N)\times N & \xrightarrow{+\times 1_N} & N\times N & \xrightarrow{+} & N
\end{array}$$

と表される．

N：無茶苦茶じゃないか．なんだこれは．

S：それぞれの四角形ごとに見ていけばわかるが，単に圏における積の結合律と可換律，そしてそれらに付随する自然数対象の和の結合律と可換律をまとめただけだ．左側の縦方向の $(N\times N)\times(N\times N)$ から $(N\times N)\times(N\times N)$ への同型は $\begin{pmatrix} \pi^1_{N,N}\times\pi^1_{N,N} \\ \pi^2_{N,N}\times\pi^2_{N,N} \end{pmatrix}$ だから，この「+ 同士の互換律」は

● 第 5 話

$$+\circ(+\times+) = +\circ(+\times+)\circ\begin{pmatrix}\pi^1_{N,N}\times\pi^1_{N,N}\\\pi^2_{N,N}\times\pi^2_{N,N}\end{pmatrix}$$

とまとめられる．(5.4) に戻ると，

$$\begin{pmatrix}\pi^1_{N,N}\times\pi^1_{N,N}\\\pi^2_{N,N}\times\pi^2_{N,N}\end{pmatrix}\circ\left(\begin{pmatrix}\pi^2_{N,N}\\\nu\end{pmatrix}\times\begin{pmatrix}\pi^2_{N,N}\\\nu\end{pmatrix}\right) = \begin{pmatrix}\pi^2_{N,N}\times\pi^2_{N,N}\\\nu\times\nu\end{pmatrix}$$

$$(\pi^2_{N,N}\times\pi^2_{N,N})\circ\begin{pmatrix}1_N\times\pi^1_{N,N}\\1_N\times\pi^2_{N,N}\end{pmatrix} = \begin{pmatrix}\pi^1_{N,N}\circ\pi^2_{N,N\times N}\\\pi^2_{N,N}\circ\pi^2_{N,N\times N}\end{pmatrix} = \pi^2_{N,N\times N}$$

だから

$$+\circ(+\times+)\circ\left(\begin{pmatrix}\pi^2_{N,N}\\\nu\end{pmatrix}\times\begin{pmatrix}\pi^2_{N,N}\\\nu\end{pmatrix}\right)\circ\begin{pmatrix}1_N\times\pi^1_{N,N}\\1_N\times\pi^2_{N,N}\end{pmatrix}$$

$$= +\circ(+\times+)\circ\begin{pmatrix}\pi^1_{N,N}\times\pi^1_{N,N}\\\pi^2_{N,N}\times\pi^2_{N,N}\end{pmatrix}\circ\left(\begin{pmatrix}\pi^2_{N,N}\\\nu\end{pmatrix}\times\begin{pmatrix}\pi^2_{N,N}\\\nu\end{pmatrix}\right)\circ\begin{pmatrix}1_N\times\pi^1_{N,N}\\1_N\times\pi^2_{N,N}\end{pmatrix}$$

$$= +\circ(+\times+)\circ\begin{pmatrix}\pi^2_{N,N\times N}\\(\nu\times\nu)\circ\begin{pmatrix}1_N\times\pi^1_{N,N}\\1_N\times\pi^2_{N,N}\end{pmatrix}\end{pmatrix}$$

$$= +\circ\begin{pmatrix}+\circ\pi^2_{N,N\times N}\\+\circ(\nu\times\nu)\circ\begin{pmatrix}1_N\times\pi^1_{N,N}\\1_N\times\pi^2_{N,N}\end{pmatrix}\end{pmatrix}$$

と変形できて，(5.3) の四角形も可換だとわかる．これで

$$\nu\circ(1_N\times+) = +\circ(\nu\times\nu)\circ\begin{pmatrix}1_N\times\pi^1_{N,N}\\1_N\times\pi^2_{N,N}\end{pmatrix}$$

であること，すなわち (5.2) の可換性がわかった．さらに

$$\begin{CD}(N\times N)\times(N\times N) @<{\begin{pmatrix}\pi^1\times 1\\\pi^2\times 1\end{pmatrix}}<< (N\times N)\times N @>{+\times 1}>> N\times N\\@V{\sigma\times\sigma}VV @VV{\sigma}V @VV{\sigma}V\\(N\times N)\times(N\times N) @<<{\begin{pmatrix}1\times\pi^1\\1\times\pi^2\end{pmatrix}}< N\times(N\times N) @>>{1\times+}> N\times N\end{CD}$$

が可換であること，そして ν の可換律を用いれば

■系 2 ■ 自然数対象 $\langle N, 0, s \rangle$ を持ったカルテジアン閉圏において，

$$\begin{CD} (N \times N) \times N @>{+ \times 1}>> N \times N \\ @V{\binom{\pi_1 \times 1}{\pi_2 \times 1}}VV @VV{\nu}V \\ (N \times N) \times (N \times N) @>{\nu \times \nu}>> N \times N @>>{+}> N \end{CD} \quad (5.5)$$

は可換である．

ことがわかる．これは n を左からかけた場合「$n \times (m+k)$」についての分配律を表している．

N：圏論の積と余積との間の分配律も割と高等な話だったが，こうして見ると自然数の分配律もなかなか複雑な話だったんだな．それで，これが結合律とどう関係してくるんだ？

S：証明を追っていけばわかることなんだが，今回はこのあたりで一旦区切りとしよう．

第 6 話

1. 積の性質：結合律

S：自然数対象 $\langle N, 0, s \rangle$ における積 ν について，これが可換律，単位律をみたすこと，また和 $+$ との間に分配律が成り立つことを示したが，最後に結合律をみたすことを示そう．

N：これで積 ν についても可換モノイドとなることがいえるな．結合律の証明には分配律を使うということだったが．

S：その通りだ．だがそれはクライマックスだから，最初から見ていこう．示すべきことは，同型 $(A \times B) \times C \longrightarrow A \times (B \times C)$ を $\alpha_{A,B,C}$ と書けば

> **定理 1** 自然数対象 $\langle N, 0, s \rangle$ を持ったカルテジアン閉圏において，
> $$\begin{array}{ccc} (N \times N) \times N & \xrightarrow{\alpha_{N,N,N}} & N \times (N \times N) \\ {\scriptstyle \nu \times 1_N} \downarrow & & \downarrow {\scriptstyle 1_N \times \nu} \\ N \times N & \xrightarrow{\nu} N \xleftarrow{\nu} & N \times N \end{array} \qquad (6.1)$$
> は可換である．

という主張で，いつものように原始再帰法を活用すれば良い．要素の観点から言えば，$k, m, n \in N$ に対して
$$(k \times m) \times n = k \times (m \times n)$$
ということなんだが，左辺の n を変数とみなして原始再帰法を適

用しよう．

N：成り立ってほしい関係式は
$$(k\times m)\times 0 = 0$$
$$(k\times m)\times(n+1) = (k\times m)\times n + (k\times m)$$

だな．

S：右辺を分配律の場合と見比べると，「$k+m$」が「$k\times m$」になっただけだ．よって，$N\times N \xrightarrow{0\circ !} N \xleftarrow{+} N\times N \xleftarrow{\nu\times 1} (N\times N)\times N \xleftarrow{\binom{\pi_2^2}{\pi_3^3}} N\times(N\times N)\times N$ に対して原始帰納法を適用すれば良いことがわかる．これにより，射 $N\times(N\times N) \xrightarrow{u} N$ で

$$
\begin{array}{ccccc}
N\times N & \xrightarrow{0\circ !_{N\times N}} & N & \xleftarrow{+} & N\times N \\
& \searrow{\tiny\binom{0\circ !_{N\times N}}{1_{N\times N}}} & \uparrow u & & \uparrow \binom{\nu\circ \pi^2_{N,N\times N}}{u} \\
& & N\times(N\times N) & \xleftarrow{s\times 1_{N\times N}} & N\times(N\times N)
\end{array}
\qquad (6.2)
$$

を可換にするものが一意に存在する．$(k\times m)\times n$ は $\nu\circ(1_N\times\nu)\circ\begin{pmatrix}\begin{pmatrix}n\\m\\k\end{pmatrix}\end{pmatrix}$ と表せるから，まずは u として $\nu\circ(1_N\times\nu)$ を用いた場合について調べよう．

N：三角形については
$$\nu\circ(1_N\times\nu)\circ\begin{pmatrix}0\circ !_{N\times N}\\1_{N\times N}\end{pmatrix} = \nu\circ\begin{pmatrix}0\circ !_{N\times N}\\\nu\end{pmatrix} = \nu\circ\begin{pmatrix}0\circ !_N\\1_N\end{pmatrix}\circ\nu = 0\circ !_N$$

で，四角形については
$$\nu\circ(1_N\times\nu)\circ(s\times 1_{N\times N}) = \nu\circ(s\times 1_N)\circ(1_N\times\nu)$$
$$= +\circ\begin{pmatrix}\pi^2_{N,N}\\\nu\end{pmatrix}\circ(1_N\times\nu)$$
$$= +\circ\begin{pmatrix}\nu\circ\pi^2_{N,N\times N}\\\nu\circ(1_N\times\nu)\end{pmatrix}$$

だから，(6.2)は可換だな．

S：あとは u として $\nu \circ (\nu \times 1_N) \circ \alpha_{N,N,N}^{-1}$ を用いても (6.2) が可換だということが確認できれば良い．$\alpha_{N,N,N}^{-1} = \begin{pmatrix} 1_N \times \pi_{N,N}^1 \\ \pi_{N,N}^2 \circ \pi_{N,N\times N}^2 \end{pmatrix}$ だから，$\begin{pmatrix} 0 \circ !_{N \times N} \\ 1_{N \times N} \end{pmatrix}$ に合成すると

$$\nu \circ (\nu \times 1_N) \circ \alpha_{N,N,N}^{-1} \circ \begin{pmatrix} 0 \circ !_{N \times N} \\ 1_{N \times N} \end{pmatrix} = \nu \circ (\nu \times 1_N) \circ \begin{pmatrix} 0 \circ !_{N \times N} \\ \pi_{N,N}^1 \\ \pi_{N,N}^2 \end{pmatrix}$$

$$= \nu \circ \begin{pmatrix} \nu \circ \begin{pmatrix} 0 \circ !_N \\ 1_N \end{pmatrix} \circ \pi_{N,N}^1 \\ \pi_{N,N}^2 \end{pmatrix}$$

$$= \nu \circ \begin{pmatrix} 0 \circ !_{N \times N} \\ \pi_{N,N}^2 \end{pmatrix}$$

$$= \nu \circ \begin{pmatrix} 0 \circ !_N \\ 1_N \end{pmatrix} \circ \pi_{N,N}^2$$

$$= 0 \circ !_{N \times N}$$

となる．$s \times 1_{N \times N}$ に対しては，図式

$$\begin{array}{ccccc}
N \times (N \times N) & \xrightarrow{\alpha_{N,N,N}^{-1}} & (N \times N) \times N & \xrightarrow{\nu \times 1_N} & N \times N \\
{\scriptstyle s \times 1_{N \times N}} \uparrow & & {\scriptstyle (s \times 1_N) \times 1_N} \uparrow & & \uparrow {\scriptstyle + \times 1_N} \\
N \times (N \times N) & \xrightarrow[\alpha_{N,N,N}^{-1}]{} & (N \times N) \times N & \xrightarrow[\begin{pmatrix} \pi_{N,N}^2 \\ \nu \end{pmatrix} \times 1_N]{} & (N \times N) \times N
\end{array}$$

(6.3)

が可換であること[※1]，そして分配律により可換となる図式

$$\begin{array}{ccc}
(N \times N) \times N & \xrightarrow{+ \times 1_N} & N \times N \\
{\scriptstyle \begin{pmatrix} \pi_{N,N}^1 \times 1_N \\ \pi_{N,N}^2 \times 1_N \end{pmatrix}} \downarrow & & \downarrow \nu \\
(N \times N) \times (N \times N) & \xrightarrow[\nu \times \nu]{} N \times N \xrightarrow[+]{} & N
\end{array}$$

[※1] 右側の四角形については積 ν の定義から可換となる．

とを合わせることで

$$\nu \circ (\nu \times 1_N) \circ \alpha_{N,N,N}^{-1} \circ (s \times 1_{N \times N})$$
$$= + \circ (\nu \times \nu) \circ \begin{pmatrix} \pi_{N,N}^1 \times 1_N \\ \pi_{N,N}^2 \times 1_N \end{pmatrix} \circ \left(\begin{pmatrix} \pi_{N,N}^2 \\ \nu \end{pmatrix} \times 1_N \right) \circ \alpha_{N,N,N}^{-1}$$
$$= + \circ (\nu \times \nu) \circ \begin{pmatrix} \pi_{N,N}^2 \times 1_N \\ \nu \times 1_N \end{pmatrix} \circ \alpha_{N,N,N}^{-1}$$
$$= + \circ \begin{pmatrix} \nu \circ (\pi_{N,N}^2 \times 1_N) \circ \alpha_{N,N,N}^{-1} \\ \nu \circ (\nu \times 1_N) \circ \alpha_{N,N,N}^{-1} \end{pmatrix}$$

と変形できる.

N：は？ なんでいきなり分配律が出てくるんだ？

S： これは要素を追っていくとわかりやすいだろう．(6.3) の可換性からは

$$\nu \circ (\nu \times 1_N) \circ \alpha_{N,N,N}^{-1} \circ (s \times 1_{N \times N})$$
$$= \nu \circ (+ \times 1_N) \circ \left(\begin{pmatrix} \pi_{N,N}^2 \\ \nu \end{pmatrix} \times 1_N \right) \circ \alpha_{N,N,N}^{-1}$$

がわかる．この射は, (6.3) の左下の $N \times (N \times N)$ の要素 $\begin{pmatrix} n \\ \begin{pmatrix} m \\ k \end{pmatrix} \end{pmatrix}$

に対して

$$\begin{pmatrix} n \\ \begin{pmatrix} m \\ k \end{pmatrix} \end{pmatrix} \xrightarrow{\alpha_{N,N,N}^{-1}} \begin{pmatrix} \begin{pmatrix} n \\ m \end{pmatrix} \\ k \end{pmatrix} \xrightarrow{\begin{pmatrix} \pi_{N,N}^2 \\ \nu \end{pmatrix} \times 1_N} \begin{pmatrix} \begin{pmatrix} m \\ m \times n \end{pmatrix} \\ k \end{pmatrix}$$
$$\xrightarrow{+ \times 1_N} \begin{pmatrix} (m \times n) + m \\ k \end{pmatrix} \xrightarrow{\nu} k \times ((m \times n) + m)$$

と作用するから，分配律によって

$$k \times ((m \times n) + m) = (k \times (m \times n)) + (k \times m)$$

と「計算」できることで

$$(k \times (m \times n)) + (k \times m) = + \circ \begin{pmatrix} k \times m \\ k \times (m \times n) \end{pmatrix}$$
$$= + \circ \begin{pmatrix} \nu \circ (\pi_{N,N}^2 \times 1_N) \\ \nu \circ (\nu \times 1_N) \end{pmatrix} \circ \begin{pmatrix} m \\ k \\ k \end{pmatrix}$$

のように式変形を進められるというわけだ．さて，あとは

$$(\pi^2_{N,N} \times 1_N) \circ \alpha^{-1}_{N,N,N} = (\pi^2_{N,N} \times 1_N) \circ \begin{pmatrix} 1_N \times \pi^1_{N,N} \\ \pi^2_{N,N} \circ \pi^2_{N,N \times N} \end{pmatrix}$$
$$= \begin{pmatrix} \pi^2_{N,N} \circ (1_N \times \pi^1_{N,N}) \\ \pi^2_{N,N} \circ \pi^2_{N,N \times N} \end{pmatrix}$$
$$= \begin{pmatrix} \pi^1_{N,N} \circ \pi^2_{N,N \times N} \\ \pi^2_{N,N} \circ \pi^2_{N,N \times N} \end{pmatrix}$$
$$= \pi^2_{N,N \times N}$$

であることから

$$\nu \circ (\nu \times 1_N) \circ \alpha^{-1}_{N,N,N} \circ (s \times 1_{N \times N}) = + \circ \begin{pmatrix} \nu \circ \pi^2_{N,N \times N} \\ \nu \circ (\nu \times 1_N) \circ \alpha^{-1}_{N,N,N} \end{pmatrix}$$

で，u として $\nu \circ (\nu \times 1_N) \circ \alpha^{-1}_{N,N,N}$ を用いても (6.2) は可換だとわかる．これでめでたく結合律についても確認できた．まとめると

> **定理2** 自然数対象 $\langle N, 0, s \rangle$ を持ったカルテジアン閉圏において，三つ組 $\langle N, \nu, s \circ 0 \rangle$ は可換なモノイド対象である．また，和についての可換なモノイド対象 $\langle N, +, 0 \rangle$ との間に分配律が成り立つ．

ということだ．

N：要は足し算も掛け算も定義できて，これらが可換で，おまけに $n, m, k \in N$ に対しては

$$(k+m) \times n = (k \times n) + (m \times n)$$
$$n \times (m+k) = (n \times m) + (n \times k)$$

という分配律が成り立つということで，自然数対象というのはいよいよもって「普通の自然数」らしいものだということだな．

2. 自然数の間の大小関係

S：「自然数らしさ」は他にもあって，自然数対象には要素間の大小関係を考えることができる．

N：直感的には，0から並べて「列の後ろにあるものほど大きい」とすればよさそうだが．

S：$0, s$ だけで言い表せば

$$0 < s \circ 0 < s \circ s \circ 0 < \cdots$$

というような関係 $<$ を表現したいわけだ．ここで重要になるのが，簡約律で核心的な役割を果たした射 $N \times N \xrightarrow{\binom{\pi_+^1}{+}} N \times N$ だ[※2]．その理由は要素に対するはたらきを見れば明らかだろう．要素 $\binom{n}{m} \in N \times N$ に対して

$$\binom{\pi_{N,N}^1}{+} \circ \binom{n}{m} = \binom{n}{m+n}$$

となるから，第1成分は第2成分より大きくならない．

N：ふうん，なるほどな．n が 0 でなければ，第2成分は第1成分より「後ろにある」ことになるから，これが大小関係の基になるのか．

S：まずは $\binom{\pi_{N,N}^1}{+}$ が単射であることに注意しよう．これは

$$\dot{-} \circ \binom{\pi_{N,N}^1}{+} = \pi_{N,N}^2$$

である[※3] ことによって

[※2] 第3話の第3節参照．

[※3] 第3話の定理2参照．

$$\begin{pmatrix}\pi^1_{N,N}\\ \bullet\end{pmatrix}\circ\begin{pmatrix}\pi^1_{N,N}\\ +\end{pmatrix}=\begin{pmatrix}\pi^1_{N,N}\\ \pi^2_{N,N}\end{pmatrix}=1_{N\times N}$$

が従うからすぐにわかる.となると $\begin{pmatrix}\pi^1_{N,N}\\ +\end{pmatrix}$ は $N\times N$ の部分であって,さらに言い換えれば N 上の二項関係ということだ[※4].

N:ということは,$\begin{pmatrix}\pi^1_{N,N}\\ +\end{pmatrix}$ 自体が欲しかった「大小関係」そのものなんだな.

S:詳しく言えば,大小関係のうち,「以上,以下」に関係するものだな.つまり「両者が等しい」場合も含んでいて,いわゆる「真に大きい,真に小さい」を扱うものではない.だがこれは少しアレンジして $\begin{pmatrix}\pi^1_{N,N}\\ s\circ+\end{pmatrix}$ を考えれば良いだけだ.

N:今度は要素 $\begin{pmatrix}n\\ m\end{pmatrix}\in N\times N$ に対して

$$\begin{pmatrix}\pi^1_{N,N}\\ s\circ+\end{pmatrix}\circ\begin{pmatrix}n\\ m\end{pmatrix}=\begin{pmatrix}n\\ m+n+1\end{pmatrix}$$

となるから,第 2 成分の方が必ず大きくなる.

S:もちろんこれが単射でなければ話が進まないけれど,$p\circ s=1_N$ から

$$(1_N\times p)\circ(1_N\times s)=1_N\times 1_N=1_{N\times N}$$

となるから $1_N\times s$ は単射で,$\begin{pmatrix}\pi^1_{N,N}\\ s\circ+\end{pmatrix}=(1_N\times s)\circ\begin{pmatrix}\pi^1_{N,N}\\ +\end{pmatrix}$ もまた単射だ.これを踏まえて「普通の」記法を導入しよう.

[※4] 単行本第 3 巻第 3 話の第 1 節参照.

> **定義3** 自然数対象 $\langle N, 0, s \rangle$ を持ったカルテジアン閉圏において，$n, m \in N$ についての大小関係の記法を以下のように定める：
> $$n \leq m \Longleftrightarrow \binom{n}{m} \in \binom{\pi^1_{N,N}}{+}$$
> $$n < m \Longleftrightarrow \binom{n}{m} \in \binom{\pi^1_{N,N}}{s \circ +}$$
> さらに逆向きの記法を
> $$n \geq m \Longleftrightarrow m \leq n \Longleftrightarrow \binom{m}{n} \in \binom{\pi^1_{N,N}}{+} \Longleftrightarrow \binom{n}{m} \in \binom{+}{\pi^1_{N,N}}$$
> $$n > m \Longleftrightarrow m < n \Longleftrightarrow \binom{m}{n} \in \binom{\pi^1_{N,N}}{s \circ +} \Longleftrightarrow \binom{n}{m} \in \binom{s \circ +}{\pi^1_{N,N}}$$
> で定める．

$\binom{\pi^1_{N,N}}{s \circ +} = (1_N \times s) \circ \binom{\pi^1_{N,N}}{+}$ だから $\binom{\pi^1_{N,N}}{s \circ +} \subset \binom{\pi^1_{N,N}}{+}$ で，$n, m \in N$ に対して「$n < m$ ならば $n \leq m$ である」という当たり前の関係が成り立っている．

N：たとえば $1 = s \circ 0$ と $2 = s \circ s \circ 0$ との間の大小関係については，
$$\binom{\pi^1_{N,N}}{s \circ +} \circ \binom{s \circ 0}{0} = \binom{s \circ 0}{s \circ s \circ 0}$$
で，$\binom{s \circ 0}{s \circ s \circ 0}$ が $\binom{\pi^1_{N,N}}{s \circ +}$ に属すから「$1 < 2$」であり，そして当然「$1 \leq 2$」でもあるということだな．

S：まあこれで「それっぽい」関係になっていることはわかるだろうが，よりもっともらしい関係式が成り立つことを確認していこう．以前，「合同関係」という特別な二項関係について調べる際に反射

律，対称律，推移律を導入したが^{※5},「以上，以下」に対応する $\begin{pmatrix}\pi^1_{N,N}\\+\end{pmatrix}$, $\begin{pmatrix}+\\\pi^1_{N,N}\end{pmatrix}$ は反射律，推移律をみたし,「真に大きい，真に小さい」に対応する $\begin{pmatrix}\pi^1_{N,N}\\s\circ+\end{pmatrix}$, $\begin{pmatrix}s\circ+\\\pi^1_{N,N}\end{pmatrix}$ は推移律のみをみたす．また，$\begin{pmatrix}\pi^1_{N,N}\\+\end{pmatrix}$, $\begin{pmatrix}+\\\pi^1_{N,N}\end{pmatrix}$ に対しては，対称律ではなく「反対称律」という関係が成り立つ．さしあたってはこのあたりのことを確かめていこう．まずは $\begin{pmatrix}\pi^1_{N,N}\\+\end{pmatrix}$ が反射律をみたすことを確認しよう．これは $\begin{pmatrix}1_N\\1_N\end{pmatrix}\subset\begin{pmatrix}\pi^1_{N,N}\\+\end{pmatrix}$ であるということだ．

N：言い換えれば $N\xrightarrow{\binom{x_1}{x_2}} N\times N$ で $\begin{pmatrix}1_N\\1_N\end{pmatrix}=\begin{pmatrix}\pi^1_{N,N}\\+\end{pmatrix}\circ\begin{pmatrix}x_1\\x_2\end{pmatrix}$ となるものが見付かれば良いわけだな．両辺の成分を比較すれば

$$\begin{cases}1_N=x_1\\1_N=+\circ\begin{pmatrix}x_1\\x_2\end{pmatrix}\end{cases}$$

でなければならない．$x_2=0\circ!_N$ とすれば，+ の定義によって 2 番目の式も成り立つから，$\begin{pmatrix}1_N\\1_N\end{pmatrix}=\begin{pmatrix}\pi^1_{N,N}\\+\end{pmatrix}\circ\begin{pmatrix}1_N\\0\circ!_N\end{pmatrix}$ だな．

S：片割れの $\begin{pmatrix}+\\\pi^1_{N,N}\end{pmatrix}$ についても同じことだ．一方，仮に $N\xrightarrow{\binom{y_1}{y_2}} N\times N$ で $\begin{pmatrix}1_N\\1_N\end{pmatrix}=\begin{pmatrix}\pi^1_{N,N}\\s\circ+\end{pmatrix}\circ\begin{pmatrix}y_1\\y_2\end{pmatrix}$ となるものが存在するとしよう．第 2 成分を比較すれば

$$1_N=s\circ+\circ\begin{pmatrix}y_1\\y_2\end{pmatrix}$$

で，

※5 単行本第 3 巻第 3 話の第 1 節参照．

$$s \circ p = s \circ p \circ s \circ + \circ \begin{pmatrix} y_1 \\ y_2 \end{pmatrix} = s \circ + \circ \begin{pmatrix} y_1 \\ y_2 \end{pmatrix} = 1_N$$

となる.自然数対象が非退化なら $s \circ p \neq 1_N$ だったから[※6],対偶によって反射律が成り立たないことがわかる.まとめると

■ **補題 4** ■ 自然数対象 $\langle N, 0, s \rangle$ を持ったカルテジアン閉圏において,二項関係 $\begin{pmatrix} \pi^1_{N,N} \\ + \end{pmatrix}$, $\begin{pmatrix} + \\ \pi^1_{N,N} \end{pmatrix}$ は反射律をみたす.自然数対象が非退化なら $\begin{pmatrix} \pi^1_{N,N} \\ s \circ + \end{pmatrix}$, $\begin{pmatrix} s \circ + \\ \pi^1_{N,N} \end{pmatrix}$ は反射律をみたさない.

ということだ.「反対称律」や推移律については次回以降確かめていこう.

[※6] 第 1 話の第 2 節参照.

第7話

1. 大小関係についての反対称律

S: 前回，自然数対象に対して大小関係と思しき二項関係 $\begin{pmatrix}\pi^1_{N,N}\\+\end{pmatrix}$ を定義して，これが反射律をみたすことを確かめた．

N: $\begin{pmatrix}\pi^1_{N,N}\\+\end{pmatrix}\circ\begin{pmatrix}1_N\\0\circ!_N\end{pmatrix}=\begin{pmatrix}1_N\\1_N\end{pmatrix}$ だから $\begin{pmatrix}1_N\\1_N\end{pmatrix}\subset\begin{pmatrix}\pi^1_{N,N}\\+\end{pmatrix}$ だという話だったな．

S: ちなみに $\begin{pmatrix}\pi^1_{N,N}\\+\end{pmatrix}\circ\begin{pmatrix}0\circ!_N\\1_N\end{pmatrix}=\begin{pmatrix}0\circ!_N\\1_N\end{pmatrix}$ だから $\begin{pmatrix}0\circ!_N\\1_N\end{pmatrix}\subset\begin{pmatrix}\pi^1_{N,N}\\+\end{pmatrix}$ で，任意の $n\in N$ に対して $\begin{pmatrix}0\\n\end{pmatrix}\in\begin{pmatrix}\pi^1_{N,N}\\+\end{pmatrix}$，すなわち $0\leqq n$ であるという当然の関係も成り立つ．さて今回は「反対称律」について考えていこう．まずそもそもの定義だが，対称律と合わせて述べると

> **定義1** 対象 A 上の二項関係 $R\xrightarrow{r}A\times A$ に対して $\begin{pmatrix}\pi^2_{A,A}\\\pi^1_{A,A}\end{pmatrix}\circ r$ を r の**逆**と呼び，r^{op} と書く．条件
> $$r^{\mathrm{op}}\subset r$$
> を**対称律**と呼び，
> $$r\cap r^{\mathrm{op}}\subset\begin{pmatrix}1_A\\1_A\end{pmatrix}$$
> を**反対称律**と呼ぶ．

となる．「$r\cap r^{\mathrm{op}}$」は，$R\xrightarrow{r}A\times A\xleftarrow{r^{\mathrm{op}}}R$ の引き戻しを

$$
\begin{CD}
P @>{p_2}>> R \\
@V{p_1}VV @VV{r^{\mathrm{op}}}V \\
R @>>{r}> A\times A
\end{CD}
$$

としたときの P から $A\times A$ への単射 $r\circ p_1 = r^{\mathrm{op}}\circ p_2$ のことだ.

N: 対象律は要素を用いていえば, $a,b\in A$ に対して $\begin{pmatrix}a\\b\end{pmatrix}\in r$ と $\begin{pmatrix}b\\a\end{pmatrix}\in r$ とが同値だということだったな.

S: 反対称律については, $\begin{pmatrix}a\\b\end{pmatrix}\in r\cap r^{\mathrm{op}}$ は「$\begin{pmatrix}a\\b\end{pmatrix}\in r$ かつ $\begin{pmatrix}b\\a\end{pmatrix}\in r$」を意味し, $\begin{pmatrix}a\\b\end{pmatrix}\in\begin{pmatrix}1_A\\1_A\end{pmatrix}$ は「$a=b$」を意味するから,

$$\begin{pmatrix}a\\b\end{pmatrix}\in r \text{ かつ } \begin{pmatrix}b\\a\end{pmatrix}\in r \text{ であれば } a=b \text{ である}$$

ということだ. 自然数対象における大小関係でいえば, $n,m\in N$ に対して

$$n\leqq m \text{ かつ } n\geqq m \text{ であれば } n=m \text{ である}$$

ことを意味する.

N: ほう, これもまた当然成り立ってほしい関係だな. $\begin{pmatrix}\pi^1_{N,N}\\+\end{pmatrix}, \begin{pmatrix}+\\\pi^1_{N,N}\end{pmatrix}$ の引き戻しを求めれば良いのか?

S: そうなんだが, これがなかなか一筋縄ではいかない. 求めていく過程で, 今までと同じく我々が自然数について直感的に把握していることがいくつか必要になってくる. まあこういった命題の圏論的な表現がどうなるかを見ていきながら話を進めていこう. 引き戻しを求めたいのだから, $N\times N \xleftarrow{\binom{p_1}{p_2}} X \xrightarrow{\binom{q_1}{q_2}} N\times N$ で

$$
\begin{CD}
X @>{\binom{q_1}{q_2}}>> N \times N \\
@V{\binom{p_1}{p_2}}VV @VV{\binom{+}{\pi^1_{N,N}}}V \\
N \times N @>>{\binom{\pi^1_{N,N}}{+}}> N \times N
\end{CD}
$$

を可換にするものを考えよう．

N：可換性の条件を成分ごとに比較すれば

$$
\begin{cases} p_1 = + \circ \binom{q_1}{q_2} \\ q_1 = + \circ \binom{p_1}{p_2} \end{cases} \tag{7.1}
$$

となる．代入すれば

$$
p_1 = + \circ \begin{pmatrix} + \circ \binom{p_1}{p_2} \\ q_2 \end{pmatrix}
$$

か．ふうん，成分がややこしくてどうにかしようという気の起こらないかたちをしているな．

S：このあたりで我々の自然数についての直感的な知見が活きてくる．結合律によって

$$
p_1 = + \circ \begin{pmatrix} p_1 \\ + \circ \binom{p_2}{q_2} \end{pmatrix} \tag{7.2}
$$

であることがわかるが，射たちを要素のように扱えば「$+ \circ \binom{p_2}{q_2}$ に p_1 に足すと p_1 になる」といえる．足されて値を変えないのだから $+ \circ \binom{p_2}{q_2}$ は 0 だろうとわかる．

N：$+ \circ \binom{p_2}{q_2}$ が 0 なのだったら，「p_2 と q_2 とを足し合わせると 0 だ」ということで，両者はともに 0 でなければならないな．

S：p_1 たちは本当は射なのだから自然数たちに対しての命題を圏論的に言い換えて，これを適用していくことになる．まず，必要な命題を要素のかたちでいえば，$m, n \in N$ に対して

1. $m+n = n$ ならば $m = 0$ である
2. $m+n = 0$ ならば $n = m = 0$ である

だ．$m+n = + \circ \begin{pmatrix} n \\ m \end{pmatrix}$ で，$n = \pi^1_{N,N} \circ \begin{pmatrix} n \\ m \end{pmatrix}$，$0 = 0 \circ !_{N \times N} \circ \begin{pmatrix} n \\ m \end{pmatrix}$ だから，これらの命題はそれぞれ

1. $+$ と $\pi^1_{N,N}$ との解^{イコライザ}を求める
2. $+$ と $0 \circ !_{N \times N}$ との解^{イコライザ}を求める

問題へと言い換えられる．

N：それぞれの解^{イコライザ}を求めると，「$m = 0$ である」だとか「$m = n = 0$ である」だとかに対応した結果が得られるということか．

S：まず一つ目の問題だが，要素を用いた主張を見ると簡約律の特殊な場合に他ならない．$+$ の簡約律は $\dot{-} \circ \begin{pmatrix} \pi^1 \\ + \end{pmatrix} = \pi^2$ や $\dot{-} \circ \begin{pmatrix} \pi^2 \\ + \end{pmatrix} = \pi^1$ と深く関わっていたから[※1]これが使えるようにしていこう．まず $Y \xrightarrow{\begin{pmatrix} y_1 \\ y_2 \end{pmatrix}} N \times N$ として $Y \xrightarrow{\begin{pmatrix} y_1 \\ y_2 \end{pmatrix}} N \times N \xrightarrow[\pi^1]{+} N$ を可換にするようなものをとる．$+ \circ \begin{pmatrix} y_1 \\ y_2 \end{pmatrix} = \pi^1 \circ \begin{pmatrix} y_1 \\ y_2 \end{pmatrix} = y_1$ だから

$$\begin{pmatrix} \pi^1 \\ + \end{pmatrix} \circ \begin{pmatrix} y_1 \\ y_2 \end{pmatrix} = \begin{pmatrix} y_1 \\ y_1 \end{pmatrix} = \begin{pmatrix} 1_N \\ 1_N \end{pmatrix} \circ y_1$$

で，$\dot{-}$ を合成すると左辺は y_2 となる．$\dot{-} \circ \begin{pmatrix} 1_N \\ 1_N \end{pmatrix} = 0 \circ !_N$ だったか

[※1] 第 3 話の第 3 節参照．

ら[※2]，合わせて $y_2 = 0 \circ !_Y$ であることがわかる．

N：第2成分が決定されたわけだな．これが「$m = 0$ である」に対応した結果か．

S：$Y \xrightarrow{\binom{y_1}{y_2}} N \times N$ が $Y \xrightarrow{y_1} N$ だけで決まることがわかったが，さらに詳しく見ると

$$\begin{pmatrix} y_1 \\ y_2 \end{pmatrix} = \begin{pmatrix} y_1 \\ 0 \circ !_Y \end{pmatrix} = \begin{pmatrix} 1_N \\ 0 \circ !_N \end{pmatrix} \circ y_1$$

と分解できることを意味している．$N \xrightarrow{\binom{1_N}{0 \circ !_N}} N \times N \underset{\pi^1}{\overset{+}{\rightrightarrows}} N$ は可換だから，$\begin{pmatrix} 1_N \\ 0 \circ !_N \end{pmatrix}$ は $+$ と $\pi^1_{N,N}$ との解（イコライザ）だということだ．第1成分 y_1 が解（イコライザ）の定義で要請される「一意的な射」だ．

N：二つ目の問題についても，$Z \xrightarrow{\binom{z_1}{z_2}} N \times N$ として $Z \xrightarrow{\binom{z_1}{z_2}} N \times N \underset{0 \circ !_{N \times N}}{\overset{+}{\rightrightarrows}} N$ を可換にするようなものをとると，同じようにして

$$z_1 = \dot{-} \circ \begin{pmatrix} \pi^2 \\ + \end{pmatrix} \circ \begin{pmatrix} z_1 \\ z_2 \end{pmatrix} = \dot{-} \circ \begin{pmatrix} z_2 \\ 0 \circ !_Z \end{pmatrix} = \dot{-} \circ \begin{pmatrix} 1_N \\ 0 \circ !_N \end{pmatrix} \circ z_2$$

がいえる．

S：$\dot{-} \circ \begin{pmatrix} 1_N \\ 0 \circ !_N \end{pmatrix}$ は要素でいえば $n \in N$ に対する $0 \dot{-} n$ の計算に対応していて，0 に p を繰り返し合成することに相当する．だから $1 \xrightarrow{0} N \xleftarrow{p} N$ という「列」を考えればよく，これにより

$$\dot{-} \circ \begin{pmatrix} 1_N \\ 0 \circ !_N \end{pmatrix} = 0 \circ !_N$$

であることがわかる．まとめると，$z_1 = 0 \circ !_X$ だということだ．さらに，今度は $\dot{-} \circ \begin{pmatrix} \pi^1 \\ + \end{pmatrix} = \pi^2$ であることを使えば $z_2 = 0 \circ !_X$ である

[※2] 第3話の系3参照.

こともわかる．つまり

$$\begin{pmatrix} z_1 \\ z_2 \end{pmatrix} = \begin{pmatrix} 0 \circ !_Z \\ 0 \circ !_Z \end{pmatrix} = \begin{pmatrix} 0 \\ 0 \end{pmatrix} \circ !_Z$$

ということだ．$1 \xrightarrow{\binom{0}{0}} N \times N \xrightarrow[0 \circ !_{N \times N}]{+} N$ は可換だから，$\begin{pmatrix} 0 \\ 0 \end{pmatrix}$ は $+$ と $0 \circ !_{N \times N}$ との解(イコライザ)で，$Z \xrightarrow{!_Z} 1$ が「一意的な射」だ．

■ **補題 2** ■ 自然数対象 $\langle N, 0, s \rangle$ を持ったカルテジアン閉圏において，

$$N \xrightarrow{\binom{1_N}{0 \circ !_N}} N \times N \xrightarrow[\pi^1]{+} N \tag{7.3}$$

$$1 \xrightarrow{\binom{0}{0}} N \times N \xrightarrow[0 \circ !_{N \times N}]{+} N \tag{7.4}$$

は解(イコライザ)の図式である．

「連立方程式を解くこと」と「解(イコライザ)を求めること」との類似性がわかる良い練習問題だったが，これを使って反対称律の話を進めていこう．

N：(7.2), (7.3) から

$$+ \circ \begin{pmatrix} p_2 \\ q_2 \end{pmatrix} = 0 \circ !_X$$

がわかる．これと (7.4) とを合わせると

$$p_2 = q_2 = 0 \circ !_X$$

となる．この結果を (7.1) に代入すると

$$p_1 = q_1$$

だな．

S：見やすいようにこれを x とおけば

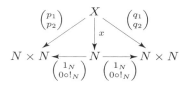

が可換だということだ．そして

$$
\begin{array}{ccc}
N & \xrightarrow{\binom{1_N}{0\circ !_N}} & N\times N \\
{\scriptsize\binom{1_N}{0\circ !_N}}\Big\downarrow & & \Big\downarrow{\scriptsize\binom{+}{\pi^1_{N,N}}} \\
N\times N & \xrightarrow{\binom{\pi^1_{N,N}}{+}} & N\times N
\end{array}
$$

は可換だから，これは引き戻しの図式だ．問題の「$r \cap r^{\mathrm{op}}$」は

$$\binom{+}{\pi^1} \cap \binom{\pi^1}{+} = \binom{\pi^1}{+} \circ \binom{1_N}{0\circ !_N} = \binom{1_N}{1_N}$$

だから，これで反対称律が成り立つことがわかった．

■ **補題3** ■　自然数対象 $\langle N, 0, s\rangle$ を持ったカルテジアン閉圏において，二項関係 $\binom{\pi^1}{+}, \binom{+}{\pi^1}$ は反対称律をみたす．

2．大小関係についての推移律

N：次は推移律か．要素でいえば $\ell, m, n \in N$ に対して

$$\ell \leqq m, m \leqq n \text{ ならば } \ell \leqq n$$

ということだが，射を用いた定義はややこしかった記憶しかない．

S：定義は次の通りだ．

第7話

定義4 対象 A 上の二項関係 $R \xrightarrow{r} A \times A$ に対して $\pi^1 \circ r$, $\pi^2 \circ r$ の引き戻しを

$$\begin{array}{ccc} R \times_A R & \xrightarrow{r_2} & R \\ {\scriptstyle r_1} \downarrow & & \downarrow {\scriptstyle \pi^1 \circ r} \\ R & \xrightarrow{\pi^2 \circ r} & A \end{array}$$

とする. $R \times_A R \xrightarrow{\bar{r}} R$ で

$$\begin{array}{ccccc} R & \xleftarrow{r_1} & R \times_A R & \xrightarrow{r_2} & R \\ {\scriptstyle \pi^1 \circ r} \downarrow & & \downarrow {\scriptstyle \bar{r}} & & \downarrow {\scriptstyle \pi^2 \circ r} \\ A & \xleftarrow{\pi^1 \circ r} & R & \xrightarrow{\pi^2 \circ r} & A \end{array}$$

を可換にするようなものが存在するとき, r は**推移律**をみたすという.

N: なんだ, また引き戻しを求めなければならないのか. $\binom{\pi^1}{+}$ について考えると, 必要なものは π^1 と $+$ との引き戻しだな. $N \times N \xleftarrow{\binom{x_1}{x_2}} X \xrightarrow{\binom{y_1}{y_2}} N \times N$ で

$$\begin{array}{ccc} X & \xrightarrow{\binom{y_1}{y_2}} & N \times N \\ {\scriptstyle \binom{x_1}{x_2}} \downarrow & & \downarrow {\scriptstyle \pi^1} \\ N \times N & \xrightarrow{+} & N \end{array}$$

を可換にするものをとると, この図式の可換性は

$$y_1 = + \circ \binom{x_1}{x_2}$$

と同値だ. x_1, x_2 についてはこれ以上変形できないから $\binom{x_1}{x_2}$ を x

とおき直せば，この関係式により
$$\begin{pmatrix} y_1 \\ y_2 \end{pmatrix} = \begin{pmatrix} + \circ x \\ y_2 \end{pmatrix} = (+ \times 1_N) \circ \begin{pmatrix} x \\ y_2 \end{pmatrix}$$
となる．また，$x = \pi^1_{N \times N, N} \circ \begin{pmatrix} x \\ y_2 \end{pmatrix}$ だから

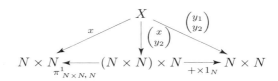

は可換だ．さらに

$$\begin{array}{ccc} (N \times N) \times N & \xrightarrow{+ \times 1_N} & N \times N \\ {\scriptstyle \pi^1_{N \times N, N}} \downarrow & & \downarrow {\scriptstyle \pi^1_{N, N}} \\ N \times N & \xrightarrow{+} & N \end{array}$$

が可換だから，これは引き戻しの図式だ．

S：というわけで，我々が探すべき射は，$(N \times N) \times N \longrightarrow N \times N$ で

$$\begin{array}{ccccc} N \times N & \xleftarrow{\pi^1_{N \times N, N}} & (N \times N) \times N & \xrightarrow{+ \times 1_N} & N \times N \\ {\scriptstyle \pi^1_{N, N}} \downarrow & & \downarrow & & \downarrow {\scriptstyle +} \\ N & \xleftarrow{\pi^1_{N, N}} & N \times N & \xrightarrow{+} & N \end{array}$$

を可換にするようなものだということだ．だが，この図式の右側の四角形を見ると，これは明らかに和の結合律を暗示しているではないか．ということで同型 $(N \times N) \times N \longrightarrow N \times (N \times N)$ を α としたとき $(1_N \times +) \circ \alpha$ が候補として挙げられる．左側の四角形については，
$$\pi^1_{N, N} \circ (1_N \times +) \circ \alpha = \pi^1_{N, N \times N} \circ \alpha$$
で，α の第 1 成分は $\pi^1_{N, N} \circ \pi^1_{N \times N, N}$ だから問題ない．これで「以

上，以下」について推移律が成り立つことが確認できたが，「真に大きい，真に小さい」についても同じようにして確かめることができる．

■補題 5 ■ 自然数対象 $\langle N, 0, s \rangle$ を持ったカルテジアン閉圏において，二項関係 $\binom{\pi^1}{+}, \binom{+}{\pi^1}, \binom{\pi^1}{s \circ +}, \binom{s \circ +}{\pi^1}$ は推移律をみたす．

また，$\binom{\pi^1}{+}, \binom{+}{\pi^1}$ のような二項関係には特別な名前が付いている．

> **定義 6** 対象 A 上の二項関係が反射律，反対称律，推移律をみたすとき，これを A 上の**順序**と呼ぶ．

> **定理 7** 自然数対象 $\langle N, 0, s \rangle$ を持ったカルテジアン閉圏において，二項関係 $\binom{\pi^1}{+}, \binom{+}{\pi^1}$ は N 上の順序である．

これで $\binom{\pi^1}{+}, \binom{+}{\pi^1}$ については結構なことがわかったから，今度は $\binom{\pi^1}{s \circ +}, \binom{s \circ +}{\pi^1}$ について調べていこう．

第 8 話

1. 狭義の大小関係について

S：前回までで「以上，以下」に対応する $\binom{\pi^1}{+}, \binom{+}{\pi^1}$ について，これらが自然数対象上の順序を定めること，すなわち反射律，反対称律，推移律をみたすことについて調べてきた．ここからは「真に大きい，真に小さい」に対応する $\binom{\pi^1}{s\circ +}, \binom{s\circ +}{\pi^1}$ について調べていこう．

N：$\binom{\pi^1}{s\circ +}, \binom{s\circ +}{\pi^1}$ については，推移律をみたすが，自然数対象が非退化でなければ反射律はみたさないということだったな．あとは反対称律の確認か．だが要素 $n, m \in N$ で考えると，「$n > m$ かつ $n < m$ ならば $n = m$ である」ということだからみたさないんじゃないか．

S：いや，その場合は前提条件である「$n > m$ かつ $n < m$」をみたす n, m が存在しないから，反対称律の主張は全体としては真だ．

N：ああなるほど，「空虚な真」ということか．

S：とはいえこれだけではあまりにもつまらないからもっと直接「そんな要素は存在しない」ということを示そう．「要素を持たない集合」といえば「空集合」で，集合圏 **Set** においては始対象がその役割を担っていた[※1]．カルテジアン閉圏では始対象が存在するとは限らないから，ここからは舞台をトポスに移して話を進めよう．ト

※1　単行本第 1 巻第 10 話の第 2 節参照．

● 第 8 話

ポスならではの結果も使いたいからな．さて示したいことは

> **定理 1**　自然数対象 $\langle N, 0, s\rangle$ を持ったトポスにおいて，
> $$\begin{array}{ccc} 0 & \longrightarrow & N \times N \\ \downarrow & & \downarrow \binom{s\circ +}{\pi^1} \\ N \times N & \xrightarrow[\binom{\pi^1}{s\circ +}]{} & N \times N \end{array} \qquad (8.1)$$
> は引き戻しの図式である．

ということだ．集合論を意識した言葉遣いをすれば，$\binom{\pi^1}{s\circ +}$, $\binom{s\circ +}{\pi^1}$ が $N\times N$ の部分として互いに素だ，ということだな．

N：「以上，以下」についての反対称律と同じように見えるがなあ．とりあえず $N\times N \xleftarrow{\binom{p_1}{p_2}} X \xrightarrow{\binom{q_1}{q_2}} N\times N$ で

$$\begin{array}{ccc} X & \xrightarrow{\binom{q_1}{q_2}} & N \times N \\ \binom{p_1}{p_2}\downarrow & & \downarrow \binom{s\circ +}{\pi^1} \\ N \times N & \xrightarrow[\binom{\pi^1}{s\circ +}]{} & N \times N \end{array}$$

を可換にするものをとると，成分の比較から

$$\begin{cases} p_1 = s\circ +\circ \binom{q_1}{q_2} \\ q_1 = s\circ +\circ \binom{p_1}{p_2} \end{cases}$$

がいえる．代入すれば

$$p_1 = s\circ +\circ \binom{s\circ +\circ \binom{p_1}{p_2}}{q_2}$$

か．前回君はここから結合律によって式変形を行っていたが，そのような形になっていないな．つまり証明はここで終わりだ．

S：勝手に終わらせるんじゃない．＋は
$$s \circ + = + \circ (1_N \times s)$$
をみたすから[※2]，右辺は
$$s \circ + \circ \begin{pmatrix} s \circ + \circ \begin{pmatrix} p_1 \\ p_2 \end{pmatrix} \\ q_2 \end{pmatrix} = + \circ \begin{pmatrix} + \circ \begin{pmatrix} p_1 \\ s \circ p_2 \end{pmatrix} \\ s \circ q_2 \end{pmatrix} = + \circ \begin{pmatrix} p_1 \\ + \circ \begin{pmatrix} s \circ p_2 \\ s \circ q_2 \end{pmatrix} \end{pmatrix}$$
と変形できて，前回示したことから
$$s \circ p_2 = s \circ q_2 = 0 \circ !_X$$
が従う[※3]．p_2 についていえば，これは

$$\begin{CD} X @>>> 1 \\ @Vp_2VV @VV0V \\ N @>>s> N \end{CD} \tag{8.2}$$

が可換だということだ．さてもし X が要素 x を持てば，このことから
$$s \circ p_2 \circ x = 0$$
が従う．つまり $p_2 \circ x \in N$ の後者が 0 だということだが，自然数対象はこのような要素を持つとき $s \circ 0 = 0$ と退化してしまうのだった[※4]．トポスが非退化なら自然数対象も非退化で，対偶を考えることで X は要素を持たないことがわかる．

N：ほう，これで X が始対象だとわかったわけか．

S：残念ながら話はそう単純ではない．非退化なトポスにおいて始対

[※2] ＋の定義から得られる $s \circ + = + \circ (s \times 1_N)$ と可換律とを組み合わせれば良い．

[※3] 第 7 話の補題 2 参照．

[※4] 第 1 話の第 2 節参照．

第8話

象は要素を持たないが，逆に要素を持たないからといって始対象であるとはいえないんだ．well-pointed 性を要請すればいえるがな[※5]．話がややこしくなるから，一旦

■ **補題2** ■ 　自然数対象 $\langle N, 0, s \rangle$ を持ったトポスにおいて，

は引き戻しの図式である．

ということを認めて定理の証明を進めよう．そうすると (8.2) の可換性から X から 0 への射が存在することになるが，この場合 X は 0 と同型になる[※6]．(8.1) は始対象の性質から可換だから，これで (8.1) が引き戻しの図式であることがわかった．「一意的な射」は同型 $X \longrightarrow 0$ ということだ．

2. $1+N \cong N$ とその応用

N：要は，$n \in N$ で $s \circ n = 0$ となるようなものがない，ということを強めた結果があれば良いということだな．だがこの結果自体はどうすれば良いんだ？要素のあるなしでは辿りつけないということだが．

S：まあこれがなかなか大変な話でね，自然数対象についての性質：

[※5] 単行本第 1 巻第 10 話の第 2 節で集合圏 **Set** に対して示したことだが，証明には well-pointed なトポスであるということしか使っていない．

[※6] こちらも単行本第 1 巻第 10 話の第 2 節で集合圏 **Set** に対して示した．

2. $1+N \cong N$ とその応用

■**補題3**■ 自然数対象 $\langle N, 0, s \rangle$ を持ったカルテジアン閉圏において，$1 \xrightarrow{0} N \xleftarrow{s} N$ は余積の図式である．すなわち，カノニカルな射 $1+N \xrightarrow{(0\ s)} N$ は同型である．

と，トポスにおいて成り立つこと：

■**補題4**■ トポスにおいて，単射 $A \xrightarrow{f} B$ の射 $A \xrightarrow{g} C$ による押し出し

$$\begin{array}{ccc} A & \xrightarrow{f} & B \\ {\scriptstyle g}\downarrow & & \downarrow{\scriptstyle h} \\ C & \xrightarrow{k} & D \end{array}$$

を考えると，$C \xrightarrow{k} D$ は単射で，この図式は k の h による引き戻しである．

とが必要になってくる．

N：なんだなんだ，あと少しかと思って聞いていれば，どんどん必要なことが出てくるじゃないか．

S：それだけトポスにおいて well-pointed 性という性質がありがたいということだ．もちろん裏を返せばそれだけ狭い世界になってしまうということでもあるが．さて，補題4からは

■**系5**■ トポスにおいて，余積 $X \xrightarrow{\iota^1} X+Y \xleftarrow{\iota^2} Y$ の射 ι^1, ι^2 は単射であり，また $X+Y$ の部分として互いに素である．

ことが即座に従う．というのも余積 $X \xrightarrow{\iota^1} X+Y \xleftarrow{\iota^2} Y$ に対し

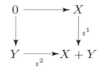

は始対象の定義から押し出しの図式で，また始対象を域とする射は単射だからだ^{※7}.

N：それであとは補題3を考えれば，補題2が出てくるということか.

S：さてまずは補題3に取り掛かろう．この補題の主張することを考えるために，**Set** において1との余積をとるという操作，つまり対象 X に対して $1+X$ を考えることは「X に含まれていない要素を付け加えて新たな集合 $1+X$ を得る」ことだったということを思い出してほしい^{※8}．新しい要素が付け加わっても元の集合と同型だということ，すなわち要素の間に一対一の対応が存在することは N が無限集合であることを示す性質の一つだ.

N：なるほど，「自身の真なる部分集合と同型である」ということそのものだな.

S：それでカノニカルな射 $1+N \xrightarrow{(0\ s)} N$ が要素間の対応だというわけだ．1のただ一つの要素を $*$ として図に描けば

といったところだろう．この逆を構成して同型であることを示そう.

N：となると，$0 \in N$ を $1+N$ の $*$ にうつし，0以外の $n \in N$ は $1+N$ の $p \circ N$ にうつせば良いな.

※7 これも単行本第1巻第10話の第2節で集合圏 **Set** に対して示している.

※8 単行本第3巻第4話の第2節参照.

S： $1 \xrightarrow{\iota^1} 1+N \xleftarrow{\iota^2} N$ を使えば，$N \xrightarrow{u} 1+N$ で
$$\begin{cases} u \circ 0 = \iota^1 \\ u \circ s \circ n = \iota^2 \circ n, \ n \in N \end{cases}$$
となるようなものがほしいということだ．定め方から明らかなように，これは前者関数 p の定め方が参考になる．p は
$$\begin{cases} p \circ 0 = 0 \\ p \circ s \circ n = n, \ n \in N \end{cases}$$
という性質をみたすべく，射 $1 \xrightarrow{0} N \xleftarrow{\pi^1} N \times 1 \times N$ に対して原始再帰法を適用して定義された[※9]．だから u は，射 $1 \xrightarrow{\iota^1} 1+N \xleftarrow{\iota^2} N \xleftarrow{\pi^1} N \times 1 \times (1+N)$ に対して原始再帰法を適用すればよい．

N： 原始再帰法で直接得られる射は $N \times 1$ からの射だから，これを $\bar{u}$ とおけば，$\bar{u}$ は

$$\begin{array}{ccccccc} 1 & \xrightarrow{\iota^1} & 1+N & \xleftarrow{\iota^2} & N & \xleftarrow{\pi^1} & N \times 1 \times (1+N) \\ & {\scriptsize \begin{pmatrix}0 \circ !_N \\ 1_1\end{pmatrix}} \nwarrow & \uparrow \bar{u} & & & & \uparrow {\scriptsize \begin{pmatrix}\pi^1 \\ \pi^2 \\ \bar{u}\end{pmatrix}} \\ & & N \times 1 & & \xleftarrow{s \times 1_1} & & N \times 1 \end{array}$$

を可換にする一意な射だ．u を $N \xrightarrow{\begin{pmatrix}1_N \\ !_1\end{pmatrix}} N \times 1 \xrightarrow{\bar{u}} 1+N$ とすれば，u は

$$\begin{array}{ccccc} 1 & \xrightarrow{\iota^1} & 1+N & \xleftarrow{\iota^2} & N \\ & {\scriptsize 0} \searrow & \uparrow u & & \uparrow 1_N \\ & & N & \xleftarrow{s} & N \end{array}$$

を可換にする一意な射だと整理できる．

S： あとは余積の普遍性，原始再帰法の普遍性を用いて，$(0 \ s)$ と

[※9] 第 2 話の第 1 節参照．

u とが互いの逆であることを示そう．まず $u \circ (0\ s)$ については，$1+N \longrightarrow 1+N$ で

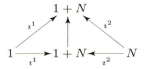

を可換にするものは $1+N$ の普遍性によって 1_{1+N} のみであること，そして

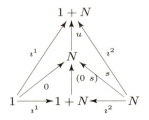

が可換であることから $u \circ (0\ s) = 1_{1+N}$ だ．逆に関しては原始再帰法の普遍性を用いる．射 $1 \xrightarrow{0} N \xleftarrow{s} N \xleftarrow{\pi^1} N \times 1 \times N$ に原始再帰法を適用すれば，$N \xrightarrow{v} N$ で

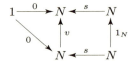

を可換にするものが一意に存在することがわかる．v として 1_N をとると図式は可換で，また

$$(0\ s) \circ u \circ 0 = (0\ s) \circ \iota^1 = 0$$
$$(0\ s) \circ u \circ s = (0\ s) \circ \iota^2 = s$$

で，$(0\ s) \circ u$ をとっても可換だから $(0\ s) \circ u = 1_N$ だ．さてこれで $1+N \xrightarrow{(0\ s)} N$ が同型であることがわかったが，これに $N \xrightarrow{1_N} N$ をかけて得られる同型 $N \times (1+N) \xrightarrow{1_N \times (0\ s)} N \times N$ がなかなか面白い事実を示してくれる，ということが P.T.Johnstone の "Topos

Theory" に書かれていたから紹介しておこう．このためにはまず積と余積との間の分配律を用いてこの射を $N+N\times N$ からの射としなければならない．冪があれば積が余積を保存して，対象 A,B,C に対して $A\times B \xrightarrow{1_A\times \iota^1} A\times(B+C) \xleftarrow{1_A\times \iota^2} A\times C$ が余積の図式となる，すなわちカノニカルな射
$$A\times B + A\times C \xrightarrow{(1_A\times \iota^1 \ 1_A\times \iota^2)} A\times(B+C)$$
が同型なのだった[※10]．

N：今は $B=1, A=C=N$ という状況だな．$N\times 1 \cong N$ だから $N \xrightarrow{\binom{1_N}{!_N}} N\times 1$ と合成して
$$N+N\times N \xrightarrow{\left(\binom{1_N}{\iota^1\circ !_N}\ 1_N\times \iota^2\right)} (1+N)\times N$$
が同型ということだ．これと $1_N\times (0\ s)$ との合成は，それぞれの成分を計算すると
$$(1_N\times (0\ s))\circ \binom{1_N}{\iota^1\circ !_N} = \binom{1_N}{0\circ !_N}$$
$$(1_N\times (0\ s))\circ (1_N\times \iota^2) = 1_N\times s$$
となるから，同型
$$N+N\times N \xrightarrow{\left(\binom{1_N}{0\circ !_N}\ 1_N\times s\right)} N\times N \qquad (8.3)$$
が得られた．

S：ここに「以上，以下」に対応する $\binom{\pi^1}{+}, \binom{+}{\pi^1}$ を合成するんだ．どちらでも結果は同様だから $\binom{\pi^1}{+}$ について調べると，成分は

[※10] 単行本第 1 巻第 8 話の第 2 節参照．

$$\begin{pmatrix}\pi^1\\+\end{pmatrix}\circ\begin{pmatrix}1_N\\0\circ !_N\end{pmatrix}=\begin{pmatrix}1_N\\1_N\end{pmatrix}$$

$$\begin{pmatrix}\pi^1\\+\end{pmatrix}\circ(1_N\times s)=\begin{pmatrix}\pi^1\\s\circ +\end{pmatrix}$$

と計算できるから，(8.3)は単に対象たちの間の同型であるだけでなく

$$N+N\times N\xrightarrow{\left(\begin{pmatrix}1_N\\0\circ !_N\end{pmatrix}\ 1_N\times s\right)}N\times N \tag{8.4}$$

（図：$\left(\begin{pmatrix}1_N\\1_N\end{pmatrix}\begin{pmatrix}\pi^1\\s\circ +\end{pmatrix}\right)$ と $\begin{pmatrix}\pi^1\\+\end{pmatrix}$ が $N\times N$ へ）

という，$N\times N$ の部分たちの間の同型を表していることになる．まあ実を言うと，$N+N\times N\xrightarrow{\left(\begin{pmatrix}1_N\\1_N\end{pmatrix}\begin{pmatrix}\pi^1\\s\circ +\end{pmatrix}\right)}N\times N$ が単射であることをいうには $\begin{pmatrix}1_N\\1_N\end{pmatrix}$ と $\begin{pmatrix}\pi^1\\s\circ +\end{pmatrix}$ とが互いに素であることを示さなければならず，そしてこの裏には補題2があるのだが．

N：話の大本が $1+N\xrightarrow{(0\ s)}N$ なわけだからそれはそうか．

S：とにかく重要なことは，$\begin{pmatrix}\pi^1\\+\end{pmatrix}$ が $\begin{pmatrix}1_N\\1_N\end{pmatrix}$ と $\begin{pmatrix}\pi^1\\s\circ +\end{pmatrix}$ との余積で表されるということだ．**Set**で考えると余積はいわゆる"disjoint union"だから，これは

$n\leqq m$ は $n=m$ の場合と $n<m$ の場合とに分かれる

ことを意味する．このあたりのことについては後で確かめるが，要はきれいに切り分けられていると考えてくれ．さらに高等な結果として，任意の自然数の組について「真に大きい」か「等しい」か「真に小さい」かが決まる，つまり比較可能であることに対する $N\times N$ の「分解」も得られるのだが，これもまた少し先の話だ．

N：そもそも補題2の証明に必要な補題4も証明していないしな．

S：ああそうだったそうだった．次回は補題4を示そう．

第9話

1. トポスにおける単射の押し出し

S：前回は「$n>m$ かつ $n<m$ なる $n,m \in N$ は存在しない」に相当する

$$\begin{pmatrix} \pi^1 \\ s \circ + \end{pmatrix} \text{と} \begin{pmatrix} s \circ + \\ \pi^1 \end{pmatrix} \text{とは } N \times N \text{ の部分として互いに素である}$$

ことを示そうとして，この根幹に

$$0 \text{ と } s \text{ とは } N \text{ の部分として互いに素である}$$

ことがあると確認した．自然数対象 $\langle N, 0, s \rangle$ について $1 \xrightarrow{0} N \xleftarrow{s} N$ が余積の図式であることは示したから，残っているのは

> ■ **補題1** ■ トポスにおいて，単射 $A \xrightarrow{f} B$ の射 $A \xrightarrow{g} C$ による押し出し
>
> $$\begin{array}{ccc} A & \xrightarrow{g} & C \\ f \downarrow & & \downarrow k \\ B & \xrightarrow{h} & D \end{array} \qquad (9.1)$$
>
> を考えると，$C \xrightarrow{k} D$ は単射で，この図式は k の h による引き戻しである．

の証明だ．

N：これがあれば，トポスにおける余積の標準的な射は単射であり，しかも互いに素だということがわかるという話だったな．そして $1 \xrightarrow{0} N \xleftarrow{s} N$ が余積の図式だから，0 と s とが互いに素だといえ

る，と．

S：この補題だが，トポス特有の結果だけあってなかなか深い話なんだ．証明のための準備として，次のことを示そう：

> ■**補題2**■　トポスにおいて，単射 $A \xrightarrow{f} B$ および射 $A \xrightarrow{g} C$ に対して単射 $A \xrightarrow{\binom{f}{g}} B \times C$ の特性射を $B \times C \xrightarrow{\varphi} \Omega$ とする．このカリー化 $B \xrightarrow{\widehat{\varphi}} \Omega^C$ について，
>
> $$\begin{array}{ccc} A & \xrightarrow{g} & C \\ f \downarrow & & \downarrow \{\cdot\}_C \\ B & \xrightarrow{\widehat{\varphi}} & \Omega^C \end{array} \quad (9.2)$$
>
> は引き戻しの図式である．ここに，$C \xrightarrow{\{\cdot\}_C} \Omega^C$ は単集合射で，対角射 $C \xrightarrow{\binom{1_C}{1_C}} C \times C$ の特性射 $C \times C \xrightarrow{=_C} \Omega$ をカリー化したものである．

これは，トポスにおいて "partial arrow classifier" というものが存在するという大定理の証明に使われる由緒正しい結果だ．詳しくは

- Peter Freyd, *Aspect of topoi*, Bull. Austral. Math. Soc. **7** (1972), 1-76, 2.2 節
- P. T. Johnstone, *Topos theory*, Academic Press, 1977, 1.2 節
- 竹内外史, 層・圏・トポス（日本評論社, 1978), 第3章定理3

などを参照してほしい．

N：また別の補題が出てきたじゃないか．困るなあ．

S： すべてはトポスの奥深さが原因だ．文句はトポスに言ってくれ．

まずはいつものごとく，$B \xleftarrow{b} X \xrightarrow{c} C$ で

$$\begin{array}{ccc} X & \xrightarrow{c} & C \\ {\scriptstyle b}\downarrow & & \downarrow{\scriptstyle \{\cdot\}_C} \\ B & \xrightarrow[\widehat{\varphi}]{} & \Omega^C \end{array}$$

を可換にするものを考える．このとき

$$\begin{array}{ccc} X & \xrightarrow{\binom{c}{c}} & C \times C \\ {\scriptstyle \binom{b}{c}}\downarrow & & \downarrow{\scriptstyle \{\cdot\}_C \times 1_C} \\ B \times C & \xrightarrow[\widehat{\varphi} \times 1_C]{} & \Omega^C \times C \end{array}$$

もまた可換になる．右下の $\Omega^C \times 1_C$ に付値 ε_Ω^C を合成すると，$\{\cdot\}_C$ や $\widehat{\varphi}$ がアンカリー化できて，可換図式：

$$\begin{array}{ccc} X & \xrightarrow{\binom{c}{c}} & C \times C \\ {\scriptstyle \binom{b}{c}}\downarrow & & \downarrow{\scriptstyle =_C} \\ B \times C & \xrightarrow[\varphi]{} & \Omega \end{array}$$

が得られる．$=_C$ は対角射 $\binom{1_C}{1_C}$ の特性射だから

$$=_C \circ \binom{c}{c} = {} =_C \circ \binom{1_C}{1_C} \circ c = \text{True} \circ !_X$$

となって，

$$\varphi \circ \binom{b}{c} = \text{True} \circ !_X$$

であることがわかる．

N： ほう，うまくいくものだな．φ は $A \xrightarrow{\binom{f}{g}} B \times C$ の特性射だから，$X \xrightarrow{u} A$ で

$$X \dashrightarrow{u} A$$
$$\downarrow \binom{b}{c} \quad \downarrow \binom{f}{g}$$
$$B \times C$$

を可換にするものが一意に存在する．この可換性から

$$\begin{array}{ccc} & X & \\ b \swarrow & \downarrow u & \searrow c \\ B \xleftarrow{f} & A & \xrightarrow{g} C \end{array}$$

が可換であることが従うから，あとは (9.2) の可換性がわかれば良いな．

S：そのために，(9.2) に C をかけた上で，先程と同じように付値を合成してアンカリー化を行った図式

$$\begin{array}{ccc} A \times C & \xrightarrow{g \times 1_C} & C \times C \\ \downarrow f \times 1_C & & \downarrow =_C \\ B \times C & \xrightarrow{\varphi} & \Omega \end{array}$$

の可換性を調べよう．このことなんだが，$\varphi \circ (f \times 1_C)$ および $=_C \circ (g \times 1_C)$ のどちらもが $\binom{1_C}{g}$ の特性射であることからわかるんだ．

N：特性射の一意性から両者が等しくなるわけか．まずは $Y \xrightarrow{\binom{y_1}{y_2}} A \times C$ で

$$\begin{array}{ccc} Y & \longrightarrow & 1 \\ \downarrow \binom{y_1}{y_2} & & \downarrow \text{True} \\ A \times C \xrightarrow{f \times 1_C} B \times C & \xrightarrow{\varphi} & \Omega \end{array}$$

を可換にするものを考えると，φ が $\binom{f}{g}$ の特性射だから，$Y \xrightarrow{v} A$ で

$$\begin{CD} Y @>v>> A \\ @V{\binom{y_1}{y_2}}VV @VV{\binom{f}{g}}V \\ A\times C @>>f\times 1_C> B\times C \end{CD} \tag{9.3}$$

を可換にするものが一意に存在する．成分ごとに比較すると

$$\begin{cases} f\circ v = f\circ y_1 \\ g\circ v = y_2 \end{cases}$$

で, f は単射だから $v=y_1$ だ．よって $\binom{y_1}{y_2}=\binom{v}{g\circ v}=\binom{1_C}{g}\circ v$ ということで，この v は

$$\begin{CD} Y @>v>> A \\ @V{\binom{y_1}{y_2}}VV @VV{\binom{1_C}{g}}V \\ @. A\times C \end{CD}$$

を可換にする．$Y\xrightarrow{v'} A$ がこの図式を可換にすれば (55.3) も可換になるから，v の一意性により $v=v'$ で，この図式を可換にする v もまた一意だ．φ の定義から

$$\varphi\circ(f\times 1_C)\circ\binom{1_C}{g}=\text{True}\circ!_A$$

で，可換性も問題ないから，$\varphi\circ(f\times 1_C)$ は $\binom{1_C}{g}$ の特性射だ．はあ面倒くさい．

s: $=_C\circ(g\times 1_C)$ が $\binom{1_C}{g}$ の特性射であることも同様にして示せるから，これで両者が等しいことがわかった．さて，φ と $=_C$ とをそれぞれカリー化すると

$$\varepsilon^C_\Omega\circ(\hat\varphi\times 1_C)(f\times 1_C)=\varepsilon^C_\Omega\circ(\{\cdot\}_C\times 1_C)\circ(g\times 1_C)$$

だとわかるから，アンカリー化して

$$\hat\varphi\circ f=\{\cdot\}_C\circ g$$

であること，すなわち (9.2) の可換性がいえる．これで補題 2 の

証明は終わりだ．対象や射についての設定は補題1のものと同じだから，このまま補題1の証明に移ろう．(9.1)が押し出しであること，そして(9.2)が可換であることから，$D \xrightarrow{d} \Omega^C$ で

$$\begin{array}{ccccc} B & \xrightarrow{h} & D & \xleftarrow{k} & C \\ & \searrow_{\widehat{\varphi}} & \downarrow d & \swarrow_{\{\cdot\}_C} & \\ & & \Omega^C & & \end{array} \quad (9.4)$$

を可換にするものが一意に存在する．k の単射性は $\{\cdot\}_C$ の単射性から従うから，あとは (9.1) が引き戻しでもあることがわかれば良い．

N：また引き戻しか．圏論の計算ドリルみたいな補題だな．$B \xleftarrow{z_1} Z \xrightarrow{z_2} C$ で

$$\begin{array}{ccc} Z & \xrightarrow{z_2} & C \\ z_1 \downarrow & & \downarrow k \\ B & \xrightarrow{h} & D \end{array}$$

を可換にするものを考えると，(9.4) によって

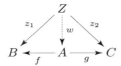

が可換になる．(9.3) は引き戻しだから，$Z \xrightarrow{w} A$ で

$$\begin{array}{ccc} & Z & \\ z_1 \swarrow & \downarrow w & \searrow z_2 \\ B \xleftarrow{f} & A & \xrightarrow{g} C \end{array}$$

を可換にするものが一意に存在する．これで普遍性が確認できたし，(9.1) は押し出しなのだから可換性は元々成り立っていて，証明終了だ．

2．数学的帰納法

S：これでようやく狭義の大小関係についても一段落ついたことになる．次は自然数同士の組 $\binom{n}{m}$ については $n>m, n=m, n<m$ のうちいずれか一つの関係式のみが成立することについて話を進めたい．

N：前回，「$n \leqq m$」が「$n=m$」または「$n<m$」にわかれて，しかもこれらが排反であることに対する $N \times N$ の分解を示していたが，似たような話ということだったな．

S：やはり $N \times N$ の部分たちの話になるのだが，このために「数学的帰納法」を使う：

定理 3　（数学的帰納法）

自然数対象 $\langle N, 0, s \rangle$ を持ったトポスにおいて，N の部分 $M \xrightarrow{m} N$ が

1. $0 \in m$ である．
2. $s \circ m \subset m$ である．すなわち $M \xrightarrow{\bar{s}} M$ で

$$\begin{array}{ccc} M & \xrightarrow{\bar{s}} & M \\ {\scriptstyle m}\downarrow & & \downarrow{\scriptstyle m} \\ N & \xrightarrow{s} & N \end{array}$$

を可換にするものが存在する．

をみたすとき，m は同型である．

N：「数学的帰納法」といえば，自然数の命題についての話だろう？こんな形で「これが数学的帰納法だ」と言われてもなあ．

S：要素に依らないかたちで述べたのが今の定理だ．m の特性射を $N \xrightarrow{P} \Omega$ とすれば P は N 上の命題と捉えられて，任意の $n \in N$ に対して，「$n \in m$」であることと「$P \circ n =$ True」であることとが同値だ．したがって条件 1 は「$P \circ 0 =$ True」に対応している．次に $n \in N$ で $P \circ n =$ True であるようなものを任意にとると，これは $n \in m$，つまり何らかの $\bar{n} \in M$ に対して $n = m \circ \bar{n}$ であることを意味する．$s \circ n$ について，条件 2 から

$$s \circ n = s \circ m \circ \bar{n} = m \circ \bar{s} \circ \bar{n}$$

と変形できるから，$s \circ n \in m$ で，$P \circ s \circ n =$ True だ．そして $M \xrightarrow{m} N$ が同型なら $N \xrightarrow{P} \Omega$ は 1_N の特性射である True $\circ !_N$ に等しく，N 上で恒等的に真な命題ということに対応する．

N：なるほど，「0 のとき成り立っていて，n に対して成り立つなら $n+1$ でも成り立つ」というよく見るかたちに対応しているわけか．だが君，条件 1 と「0 のとき成り立つ」とが等価なのは良いとして，条件 2 については圏論的な記述から要素についての話が出るということが確認できただけじゃないか．

S：君はまたそんなけしからんほどに細かいことを気にしてまったく実にけしからんなあ．もっと大らかに生きてみたまえ．まあその点については後に回してとりあえず圏論的な数学的帰納法を証明しておこう．条件 1 は何らかの $\bar{0} \in M$ に対して $0 = m \circ \bar{0}$ であることを意味するから，条件 2 と合わせて，可換図式

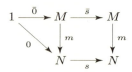

が得られる．一方で，$1 \xrightarrow{\bar{0}} M \xrightarrow{\bar{s}} M$ に対して，自然数対象の普遍性により $N \xrightarrow{m'} M$ で

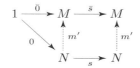

を可換にするものが一意に存在する．2つの図式を合わせれば，自然数対象の普遍性により $m \circ m' = 1_N$ であることが言える．ここから $m \circ m' \circ m = m$ がわかるが，m は単射だから $m' \circ m = 1_M$ だ．

N：証明を追ってみると，2つの条件はいかにも自然数対象の普遍性と相性の良いかたちになっているのだな．

S：それで，あとは要素に対する数学的帰納法についてだ．要素についての話だから well-pointed 性を仮定しよう．根幹にあるのは，要素の対応が射を定めることだ．

▌▌**補題4**▐▐ 自然数対象 $\langle N, 0, s \rangle$ を持った well-pointed なトポスにおいて，N の部分 $M \xrightarrow{m} N$ および m の特性射 $N \xrightarrow{P} \Omega$ について，

- m が定理3の条件をみたすこと
- 任意の $n \in N$ に対して，$P \circ n =$ True ならば $P \circ s \circ n =$ True であること

は同値である．

定理3の条件2から補題4の条件が導かれることはもう示したから逆を示そう．任意の $x \in M$ に対して $P \circ m \circ x =$ True だから，条件から $P \circ s \circ m \circ x =$ True で，$\bar{x} \in M$ で $s \circ m \circ x = m \circ \bar{x}$ となるようなものが存在する．しかもこの $\bar{x}$ は m が単射だから一意だ．

N: ああ，それでこの x から $\bar{x}$ への対応が M から M への射を定めるということか．

S: 精確にいえば，$M \times M \xrightarrow{\psi} \Omega$ を $M \times M \xrightarrow{m \times m} N \times N \xrightarrow{s \times 1} N \times N \xrightarrow{=_N} \Omega$ としたとき，射 $M \xrightarrow{\bar{s}} M$ で
$$\psi = =_M \circ (\bar{s} \times 1_M)$$
となるようなものが一意に存在するということだ[※1]．

$\begin{pmatrix} x \\ y \end{pmatrix} \in M \times M$ を任意に固定すると，この関係式から M において $y = \bar{s} \circ x$ であることと，N において $m \circ y = s \circ m \circ x$ であることとが同値であることがわかる．したがって $m \circ \bar{s} \circ x = s \circ m \circ x$ で，x は任意に固定したものだったから well-pointed 性により定理 3 の条件 2 が成り立つ．

N: 毎度毎度実感するが，well-pointed という性質は使いやすいものだな．

S: これで準備は整ったから，次回はいよいよ自然数同士の比較についてだ．

※1 単行本第 1 巻の第 11 話を参照．ψ のカリー化を $\hat{\psi}$ として，$x \in M$ を任意に固定した上で $\hat{\psi} \circ x$ のアンカリー化を ψ_x とおく．補題 4 の条件から $\bar{x} \in M$ で $\psi_x \circ \bar{x} = \text{True}$ となるものが一意に存在する．考えているトポスが well-pointed だから True でなければ False で，任意の $y \in M$ に対して $\psi_x \circ y =_M \begin{pmatrix} \bar{x} \circ !_M \\ 1_M \end{pmatrix} \circ y$ が成り立つ．well-pointed 性から射として等しいことがわかるので，カリー化を考えて $\hat{\psi} \circ x = \{\cdot\}_M \circ \bar{x}$ を得る．$\{\cdot\}_M$ の特性射 s_M を合成すると $s_M \circ \hat{\psi} \circ x = \text{True}$ だが，$x \in M$ は任意に固定したものだったので，well-pointed 性から $s_M \circ \hat{\psi} = \text{True} \circ !_M$ で，単行本第 1 巻 第 11 話の定理 4 が適用できる．

第 10 話

1. 三分律

S：今回は自然数同士の比較についてだ．自然数同士の組 $\begin{pmatrix}a\\b\end{pmatrix}$ については $a>b$, $a=b$, $a<b$ のうちいずれか一つのみが成り立つのではないかと我々は何となく信じているが，これに対応することを自然数対象について調べていこう．ちなみに，こういった「3つに分かれる」性質は**三分律**と呼ばれている．例えば「実数は正，0，負のいずれかである」といったようなものだ．

N：前々回，「以下」が「真に小さい」か「等しい」かに分かれることに対応する主張として，$N\times N \xrightarrow{\binom{\pi^1}{+}} N\times N$ が $\begin{pmatrix}\pi^1\\s\circ+\end{pmatrix}$ と $\begin{pmatrix}1_N\\1_N\end{pmatrix}$ との余積として表されるということを示していたな[※1]．

S：主張自体は似たようなものだ．

定理 1　自然数対象 $\langle N, 0, s\rangle$ を持ったトポスにおいて，
$$m_0 = \begin{pmatrix}1_N\\1_N\end{pmatrix}, m_1 = \begin{pmatrix}s\circ+\\\pi^1\end{pmatrix}, m_2 = \begin{pmatrix}\pi^1\\s\circ+\end{pmatrix}$$
としたとき，これらはすべて $N\times N$ の部分で，どの2つも互いに素であり，余積の普遍性から定まる一意的な射 $N+N\times N+N\times N \xrightarrow{(m_0\ m_1\ m_2)} N\times N$ は同型である．

[※1] 第 8 話の第 2 節参照．

第 10 話

今まで散々扱ってきたものだから m_0, m_1, m_2 が単射なのは良いだろう．そして 0 と s とが N の部分として互いに素であることから，m_0, m_1, m_2 のどの 2 つを選んでも $N \times N$ の部分として互いに素になる．このことから，長いから $m = (m_0 \ m_1 \ m_2)$ とおくが，$N \times N$ によるスライス圏を考えることで m が単射であることもわかる．

N：いやわからない．

S：話の腰を折るんじゃない．そのように空気の読めない性格でよく今までこの国で生きてこられたものだなあ．一般の圏 $\mathcal{C}$ を考えて，対象 X を固定してスライス圏 $\mathcal{C}/X$ を考える．$\mathcal{C}$ の射を $[\ ,\ ]$ で挟むことで $\mathcal{C}/X$ の対象を表すことにすると，X を余域とする $\mathcal{C}$ の射 f, g に対して

- f が単射であることと $\mathcal{C}/X$ において $[f] \times [f] \cong [f]$ であることとが同値である
- f, g が互いに素であることとスライス圏において $[f] \times [g] \cong 0$ であることとが同値である
- $[(f \ g)] \cong [f] + [g]$ である

ことが成り立っていたじゃないか[※2]．

N：ああ，なにかそんな話をしていたねえ，懐かしい．単射が冪等性として表され，互いに素であることが直交性として表されるということだったな．今の場合 $N \times N$ によるスライス圏を考えて，ここで $[m] \cong [m_0] + [m_1] + [m_2]$ の 2 乗を展開すれば，交差項は消え，2 乗の項は冪等性で元に戻り，$[m] \times [m] \cong [m]$ が言えて m の単射

[※2] 単行本第 1 巻の第 12 話参照．

性が従う．

S：ということで，$N \times N$ の部分だとわかった m が同型であるということを示せば良い．これには自然数同士の大小関係についての数学的帰納法を用いた三分律の証明を参考にしよう．自然数 a, b に対して，まず $a = 0$ である場合，$b = 0$ なら $a = b$ で，$b \neq 0$ なら $b > 0$ だから三分律は成り立っている．次に a, b に対して三分律が成り立っているときに $a + 1$ の場合について考えると，$a > b$ か $a = b$ であるなら $a + 1 > b$ で，$a < b$ であるなら $a + 1 \leqq b$ で，これは $a + 1 = b$ か $a + 1 < b$ ということだから，やはり三分律が成り立っている．

N：当たり前の事実に思えたが，証明を見ると実にややこしいな．数学的帰納法を適用する上での a の場合分けの内部で b についての場合分けが行われていておぞましい限りだ．

S：a, b の2変数に対する命題を a を固定するごとに b に対する命題と捉えるというのが鍵だ．そして a に対する数学的帰納法を用いて，「a を固定するごとにすべての b について三分律が成り立つ」ことをすべての a に対して示したというわけだ．この考え方をそのまま適用して，証明も真似していけば良い．まずは $N \times N$ の部分 m の特性射を $N \times N \xrightarrow{\varphi} \Omega$ として，このカリー化 $N \xrightarrow{\hat{\varphi}} \Omega^N$ を考える．さらに N 上の恒真命題 $N \xrightarrow{\text{True} \circ !_N} \Omega$ のカリー化を $1 \xrightarrow{t_N} \Omega^N$ として，t_N の $\hat{\varphi}$ による引き戻しを $M \xrightarrow{\bar{m}} N$ とする．

N：まあ待ちたまえ，これは本当に自然数に対する証明のアイデアを適用した結果なのか？ まずカリー化を考えるというのは変数を1つ固定して1変数ずつの話に持ち込むいつもの手口だが．

S：$\hat{\varphi} \circ a$ というのが，a を固定した上での b に対する命題だ．そし

て恒真命題のカリー化 t_N の引き戻しを考えることで $\hat{\varphi}$ が真になるような a の範囲 M を定めたわけだ.

N: となると, この M が N 全体に同型であることがわかれば良くて, 数学的帰納法の出番ということか.

S: だから示すべきは「$0\in\overline{m}$」および「$s\circ\overline{m}\subset\overline{m}$」だ. これがいえれば, 数学的帰納法により $M\xrightarrow{\overline{m}} N$ が同型だとわかり, $\overline{m}$ の可逆性により $\hat{\varphi}=t_N\circ!_N$ で, アンカリー化により $\varphi=\text{True}\circ!_{N\times N}$ となる. $\text{True}\circ!_{N\times N}$ は $1_{N\times N}$ の特性射だから, $N+N\times N+N\times N$ と $N\times N$ との間に同型射で

$$
\begin{array}{ccc}
N+N\times N+N\times N & \xrightarrow{\sim} & N\times N \\
& \searrow{m} \quad \swarrow{1} & \\
& N\times N &
\end{array}
$$

を可換にするものが存在する. したがって m 自身も同型だ. $N\times N$ によるスライス圏で考えるともっとわかりやすく書けて,

$$[1_{N\times N}]\cong[m]\cong[m_0]+[m_1]+[m_2]$$

ということだ.

2. 三分律の証明

N: まずは「$0\in\overline{m}$」か. $\overline{m}$ は t_N の $\hat{\varphi}$ による引き戻しだから「$\hat{\varphi}\circ 0=t_N$」が示せれば良いな.

S: さらにこれはアンカリー化によって「$\varphi\circ\begin{pmatrix}0\circ!_N\\1_N\end{pmatrix}=\text{True}\circ!_N$」と同

値で，φ は m の特性射だから「$\begin{pmatrix} 0 \circ !_N \\ 1_N \end{pmatrix} \subset m$」と同値だ．さて自然数の三分律についての証明では，「0 でない自然数は 0 より大きい」ということが基になっていたが，これは「すべての自然数は 0 以上である」ことに対応する包含関係「$\begin{pmatrix} 0 \circ !_N \\ 1_N \end{pmatrix} \subset \begin{pmatrix} \pi^1 \\ + \end{pmatrix}$」と，「以上」が「等しい」か「真に大きい」かに分割されることに対応する「$N \times N$ の部分として $\begin{pmatrix} \pi^1 \\ + \end{pmatrix}$ と $(m_0 \ m_2)$ とが同型であること」とを組み合わせれば良い．

N：前者は $\begin{pmatrix} \pi^1 \\ + \end{pmatrix} \circ \begin{pmatrix} 0 \circ !_N \\ 1_N \end{pmatrix} = \begin{pmatrix} 0 \circ !_N \\ 1_N \end{pmatrix}$ からわかるから，組み合わせると

$$
\begin{array}{c}
N \xrightarrow{\begin{pmatrix} 0 \circ ! \\ 1 \end{pmatrix}} N \xleftarrow{\sim} N + N \times N \\
\begin{pmatrix} 0 \circ ! \\ 1 \end{pmatrix} \searrow \quad \downarrow \begin{pmatrix} \pi^1 \\ + \end{pmatrix} \swarrow (m_0 \ m_2) \\
N \times N
\end{array}
$$

か．

S：同型射 $N+N\times N \longrightarrow N$ の逆を考え，さらに $N+N\times N+N\times N$ の余積としての標準的な射から得られる射 $N+N\times N \xrightarrow{(\iota^1 \ \iota^3)} N+N\times N+N\times N$ を組み合わせると

$$
N \xrightarrow{\begin{pmatrix} 0 \circ ! \\ 1 \end{pmatrix}} N \xrightarrow{\sim} N+N\times N \xrightarrow{(\iota^1 \ \iota^3)} N+N\times N+N\times N
$$
$$
\begin{pmatrix} 0 \circ ! \\ 1 \end{pmatrix} \searrow \downarrow \begin{pmatrix} \pi^1 \\ + \end{pmatrix} \swarrow (m_0 \ m_2) \qquad \swarrow m
$$
$$
N \times N
$$

で，「$\begin{pmatrix} 0 \circ !_N \\ 1N \end{pmatrix} \subset m$」が得られた．

N：おや，いつの間に．なんだかよくわからないものをつなげている

内に終わってしまったな．

S：一つ一つを振り返ってみれば，すでに説明した通り，自然数の三分律についての証明を踏襲しているだけなんだがな．ちゃんと考えればわかる一方で，内容を理解しなくてもルールさえ守れば何らかの結果が得られるというところが圏論，あるいは形式化された数学の楽しさでもあり危なっかしいところでもある．

N：あとは「$s \circ \overline{m} \subset \overline{m}$」か．どうせとんでもなくややこしいんだろう．

S：自然数の場合でさえ場合分けが複雑だったのだから，もちろんややこしい．まずは目当ての関係式を変形していくと

$$\begin{aligned}
s \circ \overline{m} \subset \overline{m} &\iff \hat{\varphi} \circ s \circ \overline{m} = t_N \circ !_M \\
&\iff \varphi \circ (s \times 1_N) \circ (\overline{m} \times 1_N) \subset \text{True} \circ !_{M \times N} \\
&\iff (s \times 1_N) \circ (\overline{m} \times 1_N) \subset m
\end{aligned}$$

となるからこれを目標としよう．定義から $\overline{m} \times 1_N \subset m$ なのだから，$(s \times 1_N) \circ (\overline{m} \times 1_N) \subset (s \times 1_N) \circ m$ で，つまり「$(s \times 1_N) \circ m \subset m$」であることがわかれば充分だ．ちなみに先程の条件と合わせた上で少し一般化しておくと，次のような判定法が成り立つということだ：

定理2 自然数対象 $\langle N, 0, s \rangle$ を持ったトポスにおいて，N と対象 X との積 $N \times X$ の部分 m が

1. $\begin{pmatrix} 0 \circ !_N \\ 1_X \end{pmatrix} \subset m$ である．

2. $(s \times 1_X) \circ m \subset m$ である．

をみたすとき，m は同型である．

さて，「$(s\times 1_N)\circ m \subset m$」を示すためには m の成分 m_0, m_1, m_2 ごとに計算すれば良くて，この過程があのややこしい場合分けに対応することになる．

N: $(s\times 1_N)\circ m_0$ については

$$(s\times 1_N)\circ m_0 = \begin{pmatrix} s \\ 1_N \end{pmatrix} = \begin{pmatrix} s\circ + \\ \pi^1 \end{pmatrix} \circ \begin{pmatrix} 1_N \\ 0\circ !_N \end{pmatrix}$$

となって $(s\times 1_N)\circ m_0 \subset m_1$ がわかるが，これは「$a=b$ ならば $a+1>b$」ということに対応しているな．

S: m_1 についても同様にして $(s\times 1_N)\circ m_1 \subset m_1$ がいえる．m_2 については

$$(s\times 1_N)\circ m_2 = \begin{pmatrix} s\circ \pi^1 \\ s\circ + \end{pmatrix} = \begin{pmatrix} \pi^1 \\ + \end{pmatrix} \circ (s\times 1_N)$$

で，$\begin{pmatrix} \pi^1 \\ + \end{pmatrix}$ は $(m_0\ m_2)$ と同値な部分だったから $(s\times 1_N)\circ m_2 \subset (m_0\ m_2)$ だ．

N: どの成分に $s\times 1_N$ を合成しても m に含まれるということで，これで目標とする関係式が言えたわけか．

S: もう少し詳しく言うと，たとえば $(s\times 1_N)\circ m_0 \subset m_1$ からは $m_1 \subset m$ と合わせることで $(s\times 1_N)\circ m_0 \subset m$ が従う．同様にして $j=0,1,2$ それぞれについて，m_j に対して $\tilde{m}_j$ で $(s\times 1_N)\circ m_j = m\circ \tilde{m}_j$ となるものが存在することがわかる．したがって，

$$(s\times 1_N)\circ m = (s\times 1_N)\circ (m_0\ m_1\ m_2) = m\circ (\tilde{m}_0\ \tilde{m}_1\ \tilde{m}_2)$$

で，$(s\times 1_N)\circ m \subset m$ ということだ．

N: これで $s\circ \overline{m}\subset \overline{m}$ もいえて，数学的帰納法により $\overline{m}$ が同型で，君が先程説明していたように m が同型であることもわかるわけか．

3. 余積の非交和としての性質

S：「以下」が「真に小さい」か「等しい」かであることや，今示した三分律でも部分たちの余積が重要な役割を担っていた．余積そのものの性質については今までいろいろと調べてきたが，非交和としての性格ををはっきりさせるために改めて振り返りつつ，新たな性質についても調べていこう．まずは前々回示したことだが

■**補題3**■　トポスにおいて，余積 $A \xrightarrow{\iota^1} A+B \xleftarrow{\iota^2} B$ の射 ι^1, ι^2 は単射であり，$A+B$ の部分として互いに素である．

ことが成り立つ[※3]．

N：これだけでも非交和という感じはするがなあ．集合として捉えれば，$A+B$ は A, B を含んでいて，しかもこれらは内部で交わっていないということだろう？

S：もちろんこのことは重要な性質なのだが，これだけでは非交和というにはあと一歩及ばない．それは「余計なものが入っていない」という性質だ．

N：ああなるほどな．この性質だけでは，A, B を含みながらいくらでも大きなものをとっても構わないことになる．

S：そういったものたちの中で「最小」だ，というのが余積の普遍性なわけだ．

補題4　トポスにおいて，対象 X の部分 $A \xrightarrow{a} X, B \xrightarrow{b} X, C \xrightarrow{c} X$

[※3] 第8話の系5.

を考える．A, B は始対象に同型でないものとし，a, b, c はどの2つ
も互いに素であるとする．このとき，単射 $A+B \xrightarrow{(a\ b)} X$ が同型射
であるなら，C は始対象に同型である．

N：$A+B$ には A, B に無関係なものの入る余地がないということだ
な．

S：さて証明だが，$(a\ b)$ が同型射なら，$c = (a\ b) \circ (a\ b)^{-1} \circ c$ から
$c \subset (a\ b)$ で，$c \cap (a\ b) \cong c$ だ[※4]．また，$c \cap (a\ b)$ について X に
よるスライス圏で考えると，分配律により
$$[c \cap (a\ b)] \cong [c] \times [(a\ b)] \cong [c] \times ([a]+[b]) \cong [c] \times [a] + [c] \times [b]$$
となるが，仮定によりこれはスライス圏における始対象
$[0 \xrightarrow{0_X} X]$ に同型だ．よって，

は可換で $0 \xrightarrow{0_C} C$ は同型射だ．この結果は特に要素を用いて考え
るとよりわかりやすいだろう．

■系5■ well-pointed なトポスにおいて，始対象に同型
でない対象 A, B の余積 $A \xrightarrow{\iota^1} A+B \xleftarrow{\iota^2} B$ を考える．要素
$\alpha \in A+B$ について，$\alpha \in \iota^1$ か $\alpha \in \iota^2$ かのいずれか一方のみが
成り立つ．

N：$A+B$ の要素は A 由来のものか B 由来のものかのいずれかだ

[※4] 単行本第1巻第12話の補題4参照．

というわけか．そして A 由来でありかつ B 由来であるようなものは存在しない，と．

S: これは先程の補題で X として $A+B$ をとり，C として終対象 1 をとれば良い．

N: 今考えているトポスは非退化だから，$C=1$ は始対象に同型ではないな．対偶を考えると，補題の条件のうち，系の仮定に現れていない

$$\iota^1, \iota^2, \alpha \text{ はどの 2 つも互いに素である}$$

が否定される．ι^1, ι^2 は互いに素なのだから，

$$\iota^1 \text{ と } \alpha, \iota^2 \text{ と } \alpha \text{ の少なくとも一方は互いに素でない}$$

ことになる．

S: well-pointed なトポスにおいて，要素と部分とが互いに素であるか否かは帰属関係と密接につながっている．たとえば ι^1, α について，これらが互いに素でなければ引き戻し

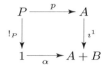

は始対象と同型でない．well-pointed なトポスでは始対象と同型でない対象は要素を持つので 1 つとって $\tilde{a}$ としよう．すると $\alpha = \iota^1 \circ p \circ \tilde{a}$ となるから $\alpha \in \iota^1$ だ．逆に $\alpha \in \iota^1$ なら，$\bar{a} \in A$ で $\alpha = \iota^1 \circ \bar{a}$ となるものがとれる．このとき

は引き戻しの図式だから[※5]，トポスが非退化であることにより ι^1, α は互いに素でない．まとめると

▌補題 6 ▌ well-pointed なトポスにおいて，対象 X の要素 x および部分 m について，$x \in m$ であることと x と m とが互いに素でないこととは同値である．

ということで，もちろん ι^1, α についても同様だ．

N：ということは
$$\alpha \in \iota^1 \text{ か } \alpha \in \iota^2 \text{ かの少なくとも一方が成り立つ}$$
と言い換えられるわけだな．

S：そして仮に両方が成立した場合，それは射 $1 \longrightarrow A, 1 \longrightarrow B$ で

を可換にするものが存在することを意味するが，ι^1, ι^2 は互いに素なのだから引き戻しの普遍性により射 $1 \longrightarrow 0$ が存在することになり，$1 \cong 0$ となる．非退化なトポスを考えているから，α が ι^1, ι^2 双方の要素であることはなく，
$$\alpha \in \iota^1 \text{ か } \alpha \in \iota^2 \text{ かのいずれか一方のみが成り立つ}$$
といえる．とまあ，トポスの余積は集合論でいうところの「非交和」としての性質を持つことがわかったわけだ．これで準備は大体

[※5] 単行本第 1 巻第 12 話の補題 2 参照．

第10話

整ったから，次回からは四則演算で最後に残った「割り算」について考えていこう．

第 11 話

1. 割り算の基本定理

S：これからしばらくは四則演算で残った「割り算」について調べていこう．まあこれが他の三つと違ってなかなか難しい．

N：ほう，そうなのか．引き算が足し算の逆であるのと同様に割り算は掛け算の逆だ，というわけにはいかないのか？

S：四則演算のうちで割り算だけが単純な反復として表現できないという点が重要だ．足し算は s の反復で引き算は p の反復だった．掛け算は定義自体は反復ではなかったが，足し算の反復としての性質を持っていた[1]．重要な点は，どれも反復をどれだけ行えば良いかがあらかじめわかっているということだ．ところが割り算はそうではない．

N：なるほどな．たとえば「7を2で割る」場合を考えると，「2を引く」ことを反復して「7からは2が3回とれて1余る」ことがわかるけれど，この「3回」という回数は実際に計算してみないとわからない．

S：難しいからちゃんと割り算の基礎から始めることにしよう．割り算がいつでも行えるのは次の「割り算の基本定理」による：

n, m は任意の自然数とする．このとき自然数 q, r で
$$n = q(m+1) + r, \quad r \leq m$$
をみたすものが一意に存在する．

---

[1] 第4話の第2節参照．

n は被除数，$m+1$ は除数，q は商，r は剰余と呼ばれているな．そしてこの定理の本質は

> n, m は任意の自然数とする．このとき自然数 k で
> $$k(m+1) \leqq n < (k+1)(m+1) \qquad (11.1)$$
> をみたすものが一意に存在する．

ことにある．「基本補題」とでも呼んでおこうか．この k が割り算の基本定理における商なわけだが，こういった自然数が存在することによって，被除数から除数を引き続けるという割り算のアルゴリズムはかならず停止することが保証される．

N：剰余 r は $r = n - k(m+1)$ で定まるから，基本補題と割り算の基本定理とは同値だな．

S：k の存在は n についての数学的帰納法によって示される．$n=0$ のときは $k=0$ とすれば良い．n に対して (11.1) をみたす自然数 k が存在するとしたとき，$n+1$ について考えると，n が $(k+1)(m+1)-1$ に等しい場合は $n+1 = (k+1)(m+1)$ となるから $k+1$ が求める自然数だ．n が $(k+1)(m+1)-1$ より小さければ $n+1 < (k+1)(m+1)$ だから k が求める自然数となる．一意性については多少複雑だが，2つ存在すると仮定して，余りが除数未満であることと倍数の関係とをうまく用いれば良い．これらのことを圏論的に表現しよう．

N：本当にそんなことができるのか？ 見るからにややこしそうだが．

S：まずは「存在」だとか「一意」だとかは無視して，不等式 (11.1) をみたす n, m, k について考えよう．$k(m+1) = \nu \circ \binom{m+1}{k} = \nu \circ (s \times 1) \circ \binom{m}{k}$ だから，不等式「$k(m+1) \leqq n$」は

$$\binom{+}{\pi^1} \ni \binom{n}{k(m+1)} = (1 \times \nu \circ (s \times 1)) \circ \left(\begin{pmatrix} n \\ m \\ k \end{pmatrix}\right)$$

と言い換えられて，さらにこれは自然数 a, b で

$$(1 \times \nu \circ (s \times 1)) \circ \left(\begin{pmatrix} n \\ m \\ k \end{pmatrix}\right) = \binom{+}{\pi^1} \circ \binom{a}{b}$$

をみたすものが存在することだと言い換えられる．「$n < (k+1)(m+1)$」の方も同様に言い換えられるから，結局 (57.1) は自然数 a, b, c, d で

$$\begin{pmatrix} 1 \times \nu \circ (s \times 1) \\ 1 \times \nu \circ (s \times s) \end{pmatrix} \circ \left(\begin{pmatrix} n \\ m \\ k \end{pmatrix}\right) = \left(\binom{+}{\pi^1} \times \binom{\pi^1}{s \circ +}\right) \circ \left(\begin{pmatrix} a \\ b \\ c \\ d \end{pmatrix}\right) \quad (11.2)$$

をみたすものが存在するという意味だ．

N：最悪だ．なんでこんなにややこしくするんだ．

S：何を言っているんだ，ややこしくなるのはここからだぞ．こういった，与えられた射 f, g に対して「$\binom{x}{y}$ で $f \circ x = g \circ y$ をみたすもの全体」というのは引き戻しとして表されたから，(11.1) を圏論的に表現すれば引き戻し：

$$\begin{array}{ccc} X & \longrightarrow & (N \times N) \times (N \times N) \\ \downarrow & & \downarrow {\binom{+}{\pi^1} \times \binom{\pi^1}{s \circ +}} \\ N \times (N \times N) & \xrightarrow[\begin{pmatrix} 1 \times \nu \circ (s \times 1) \\ 1 \times \nu \circ (s \times s) \end{pmatrix}]{} & (N \times N) \times (N \times N) \end{array} \quad (11.3)$$

だということになる．

2. 引き戻しの計算

N：まあ，君がそのように主張したいのであれば僕はあえて止めるようなことはしないが，これがどうしたんだ？

S：それはこの引き戻しを実際に求めてみればわかることだ．

N：こんなもの求められるわけないだろう．

S：実はそれが，天の導きかなにか知らないが，偶然にもうまく求められるんだ．不思議なことだなあ．射 $X \xrightarrow{\left(\binom{n}{m}\right)} N \times (N \times N)$, $X \xrightarrow{\left(\binom{a}{b}\binom{c}{d}\right)} (N \times N) \times (N \times N)$ で (11.3) を可換にするものを考える．

形式的には (11.2) に現れる要素たちをすべて一般要素に置き換えるということだ．各成分を比較することで連立方程式：

$$\begin{cases} n = + \circ \binom{a}{b} & (11.4) \\ \nu \circ \binom{s \circ m}{k} = a & (11.5) \\ n = c & (11.6) \\ \nu \circ \binom{s \circ m}{s \circ k} = s \circ + \circ \binom{c}{d} & (11.7) \end{cases}$$

が得られる．

N：7つの変数に対して4つの式ということは，3つの変数を用いて残り4つが表現できれば良いな．

S： まあ地道に整理していこう．まず $\nu \circ (1 \times s) = + \circ \begin{pmatrix} \pi^1 \\ \nu \end{pmatrix}$ だから[※2]，
(11.7) の左辺は

$$\nu \circ \begin{pmatrix} s \circ m \\ s \circ n \end{pmatrix} = \nu \circ (1 \times s) \circ \begin{pmatrix} s \circ m \\ k \end{pmatrix}$$

$$= + \circ \begin{pmatrix} s \circ m \\ \nu \circ \begin{pmatrix} s \circ m \\ k \end{pmatrix} \end{pmatrix}$$

$$= s \circ + \circ \begin{pmatrix} m \\ \nu \circ \begin{pmatrix} s \circ m \\ k \end{pmatrix} \end{pmatrix}$$

と変形できる．両辺に p を合成した上で (11.5) と合わせれば

$$+ \circ \begin{pmatrix} m \\ a \end{pmatrix} = + \circ \begin{pmatrix} c \\ d \end{pmatrix}$$

となる．さらに (57.4), (57.6) から $c = + \circ \begin{pmatrix} a \\ b \end{pmatrix}$ だから

$$+ \circ \begin{pmatrix} m \\ a \end{pmatrix} = + \circ \begin{pmatrix} + \circ \begin{pmatrix} a \\ b \end{pmatrix} \\ d \end{pmatrix} = + \circ \begin{pmatrix} a \\ + \circ \begin{pmatrix} b \\ d \end{pmatrix} \end{pmatrix}$$

だ．左辺は加法の可換律により $+ \circ \begin{pmatrix} a \\ m \end{pmatrix}$ に等しいから，簡約律
「$\stackrel{\bullet}{-} \circ \begin{pmatrix} \pi^1 \\ + \end{pmatrix} = \pi^2$」によって

$$m = + \circ \begin{pmatrix} b \\ d \end{pmatrix}$$

がわかる．あとはもう芋づる式だ．m が b, d で表せたのだから，

[※2] ν の定義と可換律とを合わせると

$$+ \circ \begin{pmatrix} \pi^2 \\ \nu \end{pmatrix} = \nu \circ (s \times 1) = \nu \circ \begin{pmatrix} \pi^2 \\ \pi^1 \end{pmatrix} \circ (s \times 1) = \nu \circ \begin{pmatrix} \pi^2 \\ s \circ \pi^1 \end{pmatrix} = \nu \circ (1 \times s) \circ \begin{pmatrix} \pi^2 \\ \pi^1 \end{pmatrix}$$

がわかるので，$\begin{pmatrix} \pi^2 \\ \pi^1 \end{pmatrix}$ を合成すると

$$\nu \circ (1 \times s) = + \circ \begin{pmatrix} \pi^2 \\ \nu \end{pmatrix} \circ \begin{pmatrix} \pi^2 \\ \pi^1 \end{pmatrix} = + \circ \begin{pmatrix} \pi^1 \\ \nu \end{pmatrix}$$

が得られる．

第 11 話

(11.5) により a は b, d, k で表される．(11.4) からは n が b, d, k で表されることがわかる．(11.6) から c も同じだ．言い換えれば，最初にとった一般射 $\begin{pmatrix}\begin{pmatrix}n\\m\\k\end{pmatrix}\end{pmatrix}, \begin{pmatrix}\begin{pmatrix}a\\b\\c\\d\end{pmatrix}\end{pmatrix}$ は $\begin{pmatrix}\begin{pmatrix}k\\b\\d\end{pmatrix}\end{pmatrix}$ に射を合成することで求められるということだ．

N：なるほどな．たとえば m は $m = + \circ \pi^2 \circ \begin{pmatrix}\begin{pmatrix}k\\b\\d\end{pmatrix}\end{pmatrix}$ となる．

S：a については

$$a = \nu \circ (s \times 1) \circ \begin{pmatrix}+ \circ \pi^2\\ \pi^1\end{pmatrix} \circ \begin{pmatrix}\begin{pmatrix}k\\b\\d\end{pmatrix}\end{pmatrix}$$

$$= \nu \circ \begin{pmatrix}\pi^2\\ \pi^1\end{pmatrix} \circ (1 \times s) \circ (1 \times +) \circ \begin{pmatrix}\begin{pmatrix}k\\b\\d\end{pmatrix}\end{pmatrix}$$

$$= \nu \circ (1 \times s \circ +) \circ \begin{pmatrix}\begin{pmatrix}k\\b\\d\end{pmatrix}\end{pmatrix}$$

と求められる．他のものも同じように表すことができるが，いちいち書いていると煩雑だから $f = \begin{pmatrix}\nu \circ (1 \times s \circ +)\\ \pi^1 \circ \pi^2\end{pmatrix}$ とでもおいておこう．こうすると $\begin{pmatrix}a\\b\end{pmatrix} = f \circ \begin{pmatrix}\begin{pmatrix}k\\b\\d\end{pmatrix}\end{pmatrix}$ で，さらにいつものように $\sigma = \begin{pmatrix}\pi_1^2\\ \pi^1\end{pmatrix}$ としておけば全体は

$$\begin{pmatrix}\begin{pmatrix}n\\m\\k\end{pmatrix}\end{pmatrix} = \begin{pmatrix}+ \circ f\\ (+ \times 1) \circ \sigma\end{pmatrix} \begin{pmatrix}\begin{pmatrix}k\\b\\d\end{pmatrix}\end{pmatrix}$$

$$\begin{pmatrix}\begin{pmatrix}a\\b\\c\\d\end{pmatrix}\end{pmatrix} = \begin{pmatrix}f\\ + \circ f\\ \pi^2 \circ \pi^2\end{pmatrix} \circ \begin{pmatrix}\begin{pmatrix}k\\b\\d\end{pmatrix}\end{pmatrix}$$

となる．

N：あとは

$$
\begin{CD}
N \times (N \times N) @>{\begin{pmatrix} f \\ + \circ f \\ \pi^2 \circ \pi 2 \end{pmatrix}}>> (N \times N) \times (N \times N) \\
@V{\begin{pmatrix} + \circ f \\ (+ \times 1) \circ \sigma \end{pmatrix}}VV @VV{\begin{pmatrix} + \\ \pi^1 \end{pmatrix} \times \begin{pmatrix} \pi^1 \\ s \circ + \end{pmatrix}}V \\
N \times (N \times N) @>>{\begin{pmatrix} 1 \times \nu \circ (s \times 1) \\ 1 \times \nu \circ (s \times s) \end{pmatrix}}> (N \times N) \times (N \times N)
\end{CD}
\quad (11.8)
$$

の可換性の確認か．一つ目の成分については

$$(1 \times \nu \circ (s \times 1)) \circ \begin{pmatrix} + \circ f \\ (+ \times 1) \circ \sigma \end{pmatrix} = \begin{pmatrix} + \circ f \\ \nu \circ (s \circ + \times 1) \circ \sigma \end{pmatrix}$$

$$= \begin{pmatrix} + \circ f \\ \nu \circ (1 \times s \circ +) \end{pmatrix}$$

$$= \begin{pmatrix} + \\ \pi^1 \end{pmatrix} \circ f$$

で一致している．二つ目の成分は

$$(1 \times \nu \circ (s \times s)) \circ \begin{pmatrix} + \circ f \\ (+ \times 1) \circ \sigma \end{pmatrix} = \begin{pmatrix} + \circ f \\ \nu \circ (s \times s \circ +) \end{pmatrix}$$

$$= \begin{pmatrix} + \circ f \\ + \circ \begin{pmatrix} \pi^2 \\ \nu \end{pmatrix} \circ (1 \times s \circ +) \end{pmatrix}$$

$$= \begin{pmatrix} + \circ f \\ + \circ \begin{pmatrix} s \circ + \circ \pi^2 \\ \pi^1 \circ f \end{pmatrix} \end{pmatrix}$$

$$= \begin{pmatrix} + \circ f \\ s \circ + \circ \begin{pmatrix} + \circ \pi^2 \\ \pi^1 \circ f \end{pmatrix} \end{pmatrix}$$

である一方で，

$$\begin{pmatrix}\pi^1\\s\circ+\end{pmatrix}\circ\begin{pmatrix}+\circ f\\\pi^2\circ\pi^2\end{pmatrix}=\begin{pmatrix}+\circ f\\s\circ+\circ\begin{pmatrix}+\circ\begin{pmatrix}\pi^1\circ f\\\pi^1\pi^2\end{pmatrix}\\\pi^2\circ\pi^2\end{pmatrix}\end{pmatrix}$$

$$=\begin{pmatrix}+\circ f\\s\circ+\circ\begin{pmatrix}\pi^1\circ f\\+\circ\begin{pmatrix}\pi^1\circ\pi^2\\\pi^2\circ\pi^2\end{pmatrix}\end{pmatrix}\end{pmatrix}$$

$$=s\circ+\circ\begin{pmatrix}+\circ f\\s\circ+\circ\begin{pmatrix}\pi^1\circ f\\+\circ\pi^2\end{pmatrix}\end{pmatrix}$$

だからこちらも問題ない.

3. 圏論的割り算の基本定理

S: これで (11.8) が引き戻しであるとわかったわけだが,特に $\begin{pmatrix}+\circ f\\(+\times 1)\circ\sigma\end{pmatrix}$ について詳しく見ていこう.まずこれは単射 $\begin{pmatrix}+\\\pi^1\end{pmatrix}\times\begin{pmatrix}\pi^1\\s\circ+\end{pmatrix}$ の引き戻しだから同じく単射だ.つまり $N\times(N\times N)$ の部分だということになる.そしてこれがどういう部分であるかというと,わかりやすく要素の記法を用いれば,不等式 (11.1) をみたすような $\begin{pmatrix}n\\\begin{pmatrix}m\\k\end{pmatrix}\end{pmatrix}$ 全体だ.つまり,不等式 (11.1) をみたすような $\begin{pmatrix}n\\\begin{pmatrix}m\\k\end{pmatrix}\end{pmatrix}$, すなわち (11.3) を可換にするような一般要素は

$$\begin{pmatrix}n\\\begin{pmatrix}m\\k\end{pmatrix}\end{pmatrix}=\begin{pmatrix}+\circ f\\(+\times 1)\circ\sigma\end{pmatrix}\circ\begin{pmatrix}k\\\begin{pmatrix}b\\a\end{pmatrix}\end{pmatrix}$$

と表されるということを意味する．ここでもわかりやすいように中置記法を用いれば，n, m はそれぞれ

$$n = k \times (b+d+1) + b \quad (11.9)$$
$$m = b + d \quad (11.10)$$

と書けて，この表現だけを見てもいかにも「割り算」という感じになっているだろう．

N：b が割り算の余りか．基本補題に対応する引き戻しを求めただけで割り算の基本定理に対応した表現になるんだな．

S：この表現の面白いところは，割り算の基本定理では「余りは除数未満」という条件がつくところを $m = b+d$ だということによって言い換えている点だ．補助的な量 d を採用することによって，k, b, d が N を自由に動けるようになっている．さて基本補題によれば，任意の自然数 n, m に対して $(11.9), (11.10)$ をみたす自然数 k が一意に存在する．このとき $b = n - k \times (m+1), d = m - b$ によって b, d も一意に定まるから，基本補題は

> 任意の自然数 n, m に対して $(11.9), (11.10)$ をみたす自然数 k, b, d が一意に存在する．

と言い換えられて，すなわちこれは

> $(11.9), (11.10)$ による自然数 k, b, d から自然数 n, m への対応は全単射である．

ということだ．

N：「存在する」ということが全射性，そしてそれが「一意」だということが単射性と関連しているんだな．

S：ここまでこれば割り算の基本定理の圏論的な言い換えは最早自明

だろう．「k, b, d から n, m への対応」は，$\binom{n}{m} = \binom{\pi^1}{\pi^1 \circ \pi^2} \circ \binom{n}{\substack{m \\ k}}$

だから

$$\binom{\pi^1}{\pi^1 \circ \pi^2} \circ \binom{+ \circ f}{(+ \times 1) \circ \sigma} = \binom{+ \circ f}{+ \circ \pi^2}$$

で，f を用いずに書けば主張は次の通りだ：

> **定理 1** （圏論的割り算の基本定理）
> 　自然数対象 $\langle N, 0, s \rangle$ を持ったトポスにおいて，$N \times (N \times N)$ から $N \times N$ への射 $\begin{pmatrix} + \circ \begin{pmatrix} \nu \circ (1 \times s \circ +) \\ \pi^1 \circ \pi^2 \end{pmatrix} \\ + \circ \pi^2 \end{pmatrix}$ は同型である．

トポスにおいては全単射なら同型だから，$\begin{pmatrix} + \circ \begin{pmatrix} \nu \circ (1 \times s \circ +) \\ \pi^1 \circ \pi^2 \end{pmatrix} \\ + \circ \pi^2 \end{pmatrix}$ の全射性，単射性を確かめれば良い．君が言った通り，全射性は割り算の基本定理における k の存在と関わっていて，自然数の場合と同じく数学的帰納法によって示される．単射性は定義通りに確かめれば良い．ただし話を進める上で一般要素間の大小についての場合分けを行うことになり，ここには自然数対象の三分律はもちろんのこと，トポス論的に非常に深い結果が関わってくることになる．

N：なんともおどろおどろしい話じゃないか．

S：それだけ割り算というものが特異だということだ．私もまさかこんな大変な話をすることになろうとは思っておらず，軽々に四則演算の話を始めてしまったことを大変後悔している．

第 12 話

1. 割り算の基本定理：全射性

S：前回は割り算の基本定理の圏論的な言い換えについて調べて，結局「$N\times(N\times N)$ から $N\times N$ への射 $\begin{pmatrix} +\circ\begin{pmatrix} \nu\circ(1\times s\circ +) \\ \pi^1\circ\pi^2 \end{pmatrix} \\ +\circ\pi^2 \end{pmatrix}$

が同型だ」と表せることがわかった．要素で見れば，これは

$\begin{pmatrix} k \\ \begin{pmatrix} b \\ d \end{pmatrix} \end{pmatrix} \in N\times(N\times N)$ から $\begin{pmatrix} n \\ m \end{pmatrix} \in N\times N$ への

$$\begin{cases} n = (b+d+1)\times k + b \\ m = b+d \end{cases} \quad (12.1)$$

という対応だ．n, m からこういった k, b, d を見付けるのが割り算なわけだが，この射は逆に k, b, d から n, m を作り出している．"reconstruction" ということで，この射を rec とでも名付けよう．

N：まあなんともややこしい射だね．全射性，単射性を確かめるということだったが．

S：どちらも三分律の場合と同じく自然数についての証明が参考になる．まずは全射であることを調べていこう．自然数の場合，数学的帰納法による証明は次の通りだ．まず $n=0$ のときは $k=0, b=0$ ととって，あとは $d=m$ ととれば良い．$\begin{pmatrix} n \\ m \end{pmatrix}$ に対して (12.1) をみたすような k, b, d が存在するとき，$\begin{pmatrix} n+1 \\ m \end{pmatrix}$ については，$d \geq 1$ なら b として $b+1$，d として $d-1$ をとれば良い：

$$\begin{cases} n+1 = \{(b+1)+(d-1)+1\} \times k + (b+1) \\ m = (b+1)+(d-1) \end{cases}$$

$d=0$ なら $n=(b+1) \times k+b$ なのだから $n+1=(b+1) \times (k+1)$ と整理できて，k,b,d としてそれぞれ $k+1,0,b$ をとれば良いことがわかる：

$$\begin{cases} n+1 = (b+1) \times (k+1) \\ m = b \end{cases}$$

N：確かに三分律の場合と状況が似ているようだな．だが rec について数学的帰納法なり以前調べた拡張された数学的帰納法なりを使うためには，これが N や $N \times X$ の形で表される対象の部分である必要があったはずだが．

S：その通りだ．そこで rec を全射単射分解して

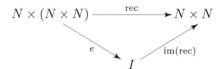

とおき，rec の像 $\mathrm{im}(\mathrm{rec})$ について調べることにする．この上で

- $\begin{pmatrix} 0 \circ !_N \\ 1_N \end{pmatrix} \subset \mathrm{im}(\mathrm{rec})$

- $(s \times 1_N) \circ \mathrm{im}(\mathrm{rec}) \subset \mathrm{im}(\mathrm{rec})$

がわかれば $\mathrm{im}(\mathrm{rec})$ が同型だといえる[※1]．e は全射だから，これで rec も全射だとわかるわけだ．

N：ふうん，なるほどな．さっきの自然数の場合の数学的帰納法で

[※1] 第 10 話の定理 2 参照．

$n=0$ のときは $k=0, b=0$ ととって，d はそのままだったから $\begin{pmatrix} 0\circ !_N \\ \begin{pmatrix} 0\circ !_N \\ 0\circ !_N \\ 1_N \end{pmatrix} \end{pmatrix}$ が一つ目の関係式に必要な射だ．rec に合成して計算すると

$$\mathrm{rec}\circ\begin{pmatrix} 0\circ !_N \\ 0\circ !_N \\ 1_N \end{pmatrix} = \begin{pmatrix} +\circ \begin{pmatrix} 0\circ !_N \\ 0\circ !_N \end{pmatrix} \\ 1_N \end{pmatrix} = \begin{pmatrix} 0\circ !_N \\ 1_N \end{pmatrix}$$

だから

$$\begin{pmatrix} 0\circ !_N \\ 1_N \end{pmatrix} = \mathrm{im}(\mathrm{rec})\circ e \circ \begin{pmatrix} 0\circ !_N \\ 0\circ !_N \\ 1_N \end{pmatrix}$$

ということで，$\begin{pmatrix} 0\circ !_N \\ 1_N \end{pmatrix} \subset \mathrm{im}(\mathrm{rec})$ だ．

S：二つ目の関係式もまあ似たような話なのだが多少複雑だ．先程自然数の場合について調べたことをまとめると，$\begin{pmatrix} n \\ m \end{pmatrix} = \mathrm{rec}\circ \begin{pmatrix} k \\ b \\ d \end{pmatrix}$ であるときに，$d \geq 1$ の場合は

$$\begin{pmatrix} n+1 \\ m \end{pmatrix} = \mathrm{rec}\circ \begin{pmatrix} k \\ b+1 \\ d-1 \end{pmatrix} = \mathrm{rec}\circ(1_N\times(s\times p))\circ\begin{pmatrix} k \\ b \\ d \end{pmatrix} \quad (12.2)$$

で，$d=0$ の場合は $\sigma = \begin{pmatrix} \pi^2 \\ \pi^1 \end{pmatrix}$ とおけば

$$\begin{pmatrix} n+1 \\ m \end{pmatrix} = \mathrm{rec}\circ\begin{pmatrix} k+1 \\ 0 \\ b \end{pmatrix} = \mathrm{rec}\circ(s\times\sigma)\circ\begin{pmatrix} k \\ b \\ 0 \end{pmatrix} \quad (12.3)$$

だ．まずこの場合分けについてだが，圏論的には余積

$$N\times(N\times N) \xrightarrow{1\times(1\times s)} N\times(N\times N) \xleftarrow{1\times(1\times 0)} N\times(N\times 1) \quad (12.4)$$

を考えていることに相当する．

N：変数 d に対応する 3 つ目の N についてだけ余積 $N \xrightarrow{s} N \xleftarrow{0} 1$

を考えているわけか．

S：これを踏まえると，まず「$d \geq 1$ の場合」とは

「$\begin{pmatrix} k \\ \begin{pmatrix} b \\ d \end{pmatrix} \end{pmatrix} \in 1_N \times (1_N \times s)$ である場合」，すなわち「適当な $\overline{d} \in N$ を用いて $\begin{pmatrix} k \\ \begin{pmatrix} b \\ d \end{pmatrix} \end{pmatrix} = (1_N \times (1_N \times s)) \circ \begin{pmatrix} k \\ \begin{pmatrix} b \\ \overline{d} \end{pmatrix} \end{pmatrix}$ と表される場合」で，このとき (12.2) は

$$\begin{pmatrix} n+1 \\ m \end{pmatrix} = \mathrm{rec} \circ (1_N \times (s \times p)) \circ (1_N \times (1_N \times s)) \circ \begin{pmatrix} k \\ \begin{pmatrix} b \\ \overline{d} \end{pmatrix} \end{pmatrix}$$

$$= \mathrm{rec} \circ (1_N \times (s \times 1_N)) \circ \begin{pmatrix} k \\ \begin{pmatrix} b \\ \overline{d} \end{pmatrix} \end{pmatrix}$$

と書き換えられる．$\begin{pmatrix} n+1 \\ m \end{pmatrix}$ についてはそもそもの仮定から

$$\begin{pmatrix} n+1 \\ m \end{pmatrix} = (s \times 1_N) \circ \begin{pmatrix} n \\ m \end{pmatrix}$$

$$= (s \times 1_N) \circ \mathrm{rec} \circ \begin{pmatrix} k \\ \begin{pmatrix} b \\ d \end{pmatrix} \end{pmatrix}$$

$$= (s \times 1_N) \circ \mathrm{rec} \circ (1_N \times (1_N \times s)) \circ \begin{pmatrix} k \\ \begin{pmatrix} b \\ \overline{d} \end{pmatrix} \end{pmatrix}$$

だから，(12.2) は射の関係式：

$$(s \times 1_N) \circ \mathrm{rec} \circ (1_N \times (1_N \times s)) = \mathrm{rec} \circ (1_N \times (s \times 1_N)) \quad (12.5)$$

が成立することを示唆している．同様にして (12.3) からは

$$(s \times 1_N) \circ \mathrm{rec} \circ (1_N \times (1_N \times 0)) = \mathrm{rec} \circ (s \times (0 \times 1_N) \circ \sigma) \quad (12.6)$$

が示唆される．これらが実際に成り立つことはあとで計算して確かめるとして，話を先に進めよう．(12.4) の余積としての普遍性

により，$N\times(N\times N)$ から $N\times(N\times N)$ への射 u で

$$N \times (N \times N) \xrightarrow{1\times(1\times s)} N \times (N \times N) \xleftarrow{1\times(1\times 0)} N \times (N \times 1)$$
$$\searrow_{1\times(s\times 1)} \quad \downarrow u \quad \swarrow_{s\times(0\times 1)\circ\sigma}$$
$$N \times (N \times N)$$

を可換にするものが存在する．

N：となると，(12.5), (12.6) は

$$\begin{cases} (s\times 1_N)\circ \mathrm{rec} \circ (1_N\times(1_N\times s)) = \mathrm{rec}\circ u \circ (1_N\times(1_N\times s)) \\ (s\times 1_N)\circ \mathrm{rec} \circ (1_N\times(1_N\times 0)) = \mathrm{rec}\circ u \circ (1_N\times(1_N\times 0)) \end{cases}$$

とまとめられるな．

S：そして再度 (12.4) が余積であることによれば，これらは射の各成分が等しいということを意味していて，まとめてしまえば

$$(s\times 1_N)\circ \mathrm{rec} = \mathrm{rec}\circ u \tag{12.7}$$

だということだ．

N：なるほど，場合分けというのは余積の各成分を調べていることに相当するわけか．

S：rec の単射性を示す際にはもう一段踏み込んだ理解が必要となるが，今の場合はその通りだ．ちなみに，$A\xrightarrow{f}X, B\xrightarrow{g}X$ から余積の普遍性によって定まる $A+B$ から X への一意的な射について，我々は行列を意図して $(f\ g)$ と書くことにしたが, F. William Lawvere, Robert Rosebrugh による "Sets for Mathematics" では場合分けとの類似性を強調すべく $\begin{cases}f\\g\end{cases}$ という表記が採用されている．
さて，我々が目標としている「$(s\times 1_N)\circ \mathrm{im}(\mathrm{rec}) = \mathrm{im}(\mathrm{rec})\circ u$」まで大分近付いてきているが，もう一手間必要だ．

■|補題1|■ 射 $X \xrightarrow{f} Y$ および全射 $Z \xrightarrow{g} X$ について，$\mathrm{im}(f) \subset \mathrm{im}(f \circ g)$ かつ $\mathrm{im}(f) \supset \mathrm{im}(f \circ g)$ である．

N：$f, f \circ g$ の全射単射分解をそれぞれ $X \xrightarrow{e} J \xrightarrow{\mathrm{im}(f)} Y$, $Z \xrightarrow{e'} J' \xrightarrow{\mathrm{im}(f \circ g)} Y$ とすると，$\mathrm{im}(f \circ g)$ の像としての普遍性によって射 $J' \rightarrow J$ で

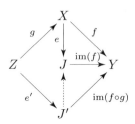

を可換にするものが存在するから $\mathrm{im}(f) \supset \mathrm{im}(f \circ g)$ は成り立っているな．

S：これは g が全射でなくても良いのだが，逆の関係は全射でなければ成立しない．こちらについては像がそもそもどうやって構成されたかを振り返る必要がある．

N：射自身の押し出しを考えて解(イコライザ)をとっていたな[※2]．

S：$f \circ g$ 自身の押し出しを $Y \underset{q_2}{\overset{q_1}{\rightrightarrows}} W$ とおこう．q_1, q_2 の解(イコライザ)が $f \circ g$ の像 $J' \xrightarrow{\mathrm{im}(f \circ g)} Y$ だ．さて $q_1 \circ f \circ g = q_2 \circ f \circ g$ だが，g は全射なのだから $q_1 \circ f = q_2 \circ f$ で，像 $\mathrm{im}(f \circ g)$ の普遍性から射 $X \rightarrow I'$ で

[※2] 単行本第1巻第9話の第2節参照．

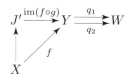

を可換にするものが存在する．これは f の分解を与えているから，像 $\mathrm{im}(f)$ の普遍性により $\mathrm{im}(f)\subset\mathrm{im}(f\circ g)$ となる．さてあとは (12.7) について考えていくだけだ．$(s\times 1_N)\circ\mathrm{rec}$ の像をいちいち書くのは長いから $I'\xrightarrow{\iota} N\times N$ とおいて全射単射分解を $N\times(N\times N)\xrightarrow{e'} I'\xrightarrow{\iota} N\times N$ とおくと，$I'\xrightarrow{v_1} I, I'\xrightarrow{v_2} I$ で

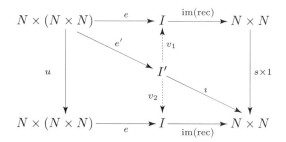

を可換にするものが存在する．v_1 によって $\iota\subset(s\times 1_N)\circ\mathrm{im}(\mathrm{rec})$ だが，この逆の包含関係が成り立つ．まず $(s\times 1_N)\circ\mathrm{im}(\mathrm{rec})$ は単射だから自身の像 $\mathrm{im}((s\times 1_N)\circ\mathrm{im}(\mathrm{rec}))$ に包まれる．そしてこれは先程の補題により $\mathrm{im}((s\times 1_N)\circ\mathrm{rec})$，すなわち ι に包まれる．この包含関係と v_2 による包含関係 $\iota\subset\mathrm{im}(\mathrm{rec})$ とを合わせれば，求める $(s\times 1_N)\circ\mathrm{im}(\mathrm{rec})\subset\mathrm{im}(\mathrm{rec})$ が得られる．これで数学的帰納法によって $\mathrm{im}(\mathrm{rec})$ が同型だとわかったから rec は全射だ．

2．細々とした計算

N：やっと終わったか．長く，息詰まる，辛い証明だったな．

第 12 話

S: 何を言っているんだ，ややこしい部分はここからだぞ．(12.5)，(12.6) が示せていないのだから．まあ計算するだけではあるが．

N: なんと面倒な．(12.5) の右辺について考えると，$+\circ(s\times 1_N)=+\circ(1_N\times s)$ だから

$$\nu\circ(1_N\times s\circ +)\circ(1_N\times(s\times 1_N))=\nu\circ(1_N\times s\circ +)\circ(1_N\times(1_N\times s))$$

が成り立つ．$\pi^1\circ\pi^2$ の作用については

$$\pi^1\circ\pi^2\circ(1_N\times(s\times 1_N))=s\circ\pi^1\circ\pi^2$$
$$=s\circ\pi^1\circ\pi^2\circ(1_N\times(1_N\times s))$$

で，$+\circ\pi^2$ の作用については $+$ の可換律により

$$+\circ\pi^2\circ(1_N\times(s\times 1_N))=+\circ\pi^2\circ(1_N\times(1_N\times s))$$

となるから，

$$\mathrm{rec}\circ(1_N\times(s\times 1_N))=\left(+\circ\begin{pmatrix}\nu\circ(1\times s\circ +)\\ s\circ\pi^1\circ\pi^2\\ +\circ\pi^2\end{pmatrix}\right)\circ(1_N\times(1_N\times s))$$
$$=\left(+\circ(1\times s)\circ\begin{pmatrix}\nu\circ(1\times s\circ +)\\ \pi^1\circ\pi^2\\ +\circ\pi^2\end{pmatrix}\right)\circ(1_N\times(1_N\times s))$$
$$=(s\times 1_N)\circ\mathrm{rec}\circ(1_N\times(1_N\times s))$$

だ．(12.6) の右辺については，$+$ の可換律から

$$+\circ(0\times 1_N)\circ\sigma=+\circ\sigma\circ(0\times 1_N)\circ\sigma$$
$$=+\circ\begin{pmatrix}\pi^2\\ 0\circ\pi^1\end{pmatrix}\circ\sigma$$
$$=+\circ\begin{pmatrix}\pi^1\\ 0\circ\pi^2\end{pmatrix}$$
$$=+\circ(1_N\times 0)$$

が成り立つから

$$\nu \circ (1_N \times s \circ +) \circ (s \times (0 \times 1_N) \circ \sigma)$$
$$= \nu \circ (s \times 1_N) \circ (1_N \times s \circ +) \circ (1_N \times (1_N \times 0))$$
$$= + \circ \begin{pmatrix} \pi^2 \\ \nu \end{pmatrix} \circ (1_N \times s \circ +) \circ (1_N \times (1_N \times 0))$$
$$= + \circ \begin{pmatrix} s \circ + \circ (1_N \times 0) \circ \pi^2 \\ \nu \circ (1_N \times s \circ +) \circ (1_N \times (1_N \times 0)) \end{pmatrix}$$
$$= s \circ + \circ \begin{pmatrix} \pi^1 \circ \pi^2 \\ \nu \circ (1_N \times s \circ +) \circ (1_N \times (1_N \times 0)) \end{pmatrix}$$

と変形できる．第 1 成分については $\pi^1 \circ \pi^2 \circ (1_N \times (1_N \times 0)) = \pi^1 \circ \pi^2$ だから，まとめてしまえば

$$\nu \circ (1_N \times s \circ +) \circ (s \times (0 \times 1_N) \circ \sigma)$$
$$= s \circ + \circ \begin{pmatrix} \pi^1 \circ \pi^2 \\ \nu \circ (1_N \times s \circ +) \end{pmatrix} \circ (1_N \times (1_N \times 0))$$

となる．$\pi^1 \circ \pi^2$ の作用については，添え字を省略せずに書けば

$$\pi^1_{N,N} \circ \pi^2_{N,N \times N} \circ (s \times (0 \times 1_N) \circ \sigma_{N,1}) = 0 \circ \pi^1_{1,N} \circ \sigma_{N,1} \circ \pi^2_{N,N \times 1}$$

で，$\pi^1_{1,N} = !_{1 \times N}$ だから

$$\pi^1_{N,N} \circ \pi^2_{N,N \times N} \circ (s \times (0 \times 1_N) \circ \sigma_{N,1}) = 0 \circ !_{N \times (N \times 1)}$$

だ．したがって rec の第 1 成分の作用は

$$+ \circ \begin{pmatrix} \nu \circ (1 \times s \circ +) \\ \pi^1 \circ \pi^2 \end{pmatrix} \circ (s \times (0 \times 1_N) \circ \sigma)$$
$$= + \circ \begin{pmatrix} s \circ + \circ \begin{pmatrix} \pi^1 \circ \pi^2 \\ \nu \circ (1_N \times s \circ +) \end{pmatrix} \circ (1_N \times (1_N \times 0)) \\ 0 \circ !_{N \times (N \times 1)} \end{pmatrix}$$
$$= s \circ + \circ \begin{pmatrix} \pi^1 \circ \pi^2 \\ \nu \circ (1_N \times s \circ +) \end{pmatrix} \circ (1_N \times (1_N \times 0))$$

となる．第 2 成分である $+ \circ \pi^2$ の作用については，こちらも添え字を省略せずに書けば

$$+ \circ \pi^2_{N,N \times N} \circ (s \times (0 \times 1_N) \circ \sigma_{N,1}) = + \circ (0 \times 1_N) \circ \sigma_{N,1} \circ \pi^2_{N,N \times 1}$$
$$= + \circ \sigma_{N,N} \circ (0 \times 1_N) \circ \sigma_{N,1} \circ \pi^2_{N,N \times 1}$$
$$= + \circ (1_N \times 0) \circ \pi^2_{N,N \times 1}$$
$$= + \circ \pi^2_{N,N \times N} \circ (1_N \times (1_N \times 0))$$

と計算できる．だから

$$\mathrm{rec} \circ (s \times (0 \times 1_N) \circ \sigma) = \begin{pmatrix} s \circ + \circ \begin{pmatrix} \pi^1 \circ \pi^2 \\ \nu \circ (1_N \times s \circ +) \\ + \circ \pi^2 \end{pmatrix} \end{pmatrix} \circ (1_N \times (1_N \times 0))$$
$$= (s \times 1_N) \circ \mathrm{rec} \circ (1_N \times (1_N \times 0))$$

で (12.6) が成り立つ．

S：これで rec の全射性の証明は完全に終わった．次回は単射性について見ていこう．

第 13 話

1. 割り算の基本定理：単射性

S：前回は $N\times(N\times N)$ から $N\times N$ への射 $\mathrm{rec} = \begin{pmatrix} +\circ\begin{pmatrix}\nu\circ(1\times s\circ+)\\ \pi^1\circ\pi^2\end{pmatrix}\\ +\circ\pi^2\end{pmatrix}$

が全射であることを示した．これはどんな自然数 $n, m \in N$ に対しても割り算「$n \div (m+1)$」の答えが少なくとも一つ存在するということを意味している．今回は rec が単射であることを示していくが，これは割り算の結果である商や余りが一意に定まるということだ．

N：全射性では自然数の場合の証明をなぞっていたが，今回もそうなのか？

S：単射性の証明でも大いに役立つ．自然数 $k_1, k_2, b_1, b_2, d_1, d_2 \in N$ が

$$\begin{cases} (b_1+d_1+1)\times k_1 + b_1 = (b_2+d_2+1)\times k_2 + b_2 & (13.1)\\ b_1 + d_1 = b_2 + d_2 & (13.2) \end{cases}$$

をみたすとしよう．もし $k_1 < k_2$ なら $k_3 \in N$ で $k_2 = k_1 + k_3 + 1$ となるものがとれる．これと (13.2) とを合わせると，(13.1) は

$$(b_1+d_1+1)\times k_1 + b_1 = (b_1+d_1+1)\times(k_1+k_3+1) + b_2$$

と変形できる．分配律，簡約律によって両辺から $(b_1+d_1+1)\times k_1$ が消せて

$$b_1 = (b_1+d_1+1)\times(k_3+1) + b_2 > b_1$$

となり，矛盾が生じる．$k_1 > k_2$ でも同じことで $k_1 = k_2$ でなくては

ならない.このとき (13.1) から $b_1 = b_2$ が,(13.2) から $d_1 = d_2$ が
それぞれ従う.

N:今まで見てきた自然数対象の性質がそのまま使えるようだな.

S:式変形自体についていえばそうなのだが,「場合分け」やその結果としての「矛盾」といった箇所がトポスにおいてどのように表現されるかが今回のハイライトだ.

N:「場合分け」なら前回と同様自然数対象の三分律に従っているようだが.

S:確かに今回の「場合分け」も三分律なくしては行えないものだが,状況が少し異なっている.まあこれは実際に見ていった方が早いだろう.単射性を定義に従って確認するために,射 $X \xrightarrow[x_2]{x_1} N\times(N\times N)$ が $\mathrm{rec}\circ x_1 = \mathrm{rec}\circ x_2$ をみたすものと仮定する.要素の場合を参考にするためにこれらの成分を $x_1 = \begin{pmatrix} k_1 \\ \begin{pmatrix} b_1 \\ d_1 \end{pmatrix} \end{pmatrix}, x_2 = \begin{pmatrix} k_2 \\ \begin{pmatrix} b_2 \\ d_2 \end{pmatrix} \end{pmatrix}$ としよう.

N:$k_1 = k_2, b_1 = b_2, d_1 = d_2$ が従えば rec は単射だといえるな.自然数の場合はまず $k_1 < k_2$ の場合について考えていたが,ここからどうするんだ?

S:自然数 k_1, k_2 に対して $k_1 < k_2$ というのは $\begin{pmatrix} k_1 \\ k_2 \end{pmatrix}$ が $N \times N$ の部分 $\begin{pmatrix} \pi^1 \\ s\circ + \end{pmatrix}$ に属するということだから,k_1, k_2 がペアの形になるように前提条件を言い換えよう.$\begin{pmatrix} k_1 \\ k_2 \end{pmatrix}, \begin{pmatrix} b_1 \\ b_2 \end{pmatrix}, \begin{pmatrix} d_1 \\ d_2 \end{pmatrix}$ を第 1, 2, 3 成分に持つ射を x とおけば,x_1, x_2 はそれぞれ

$\begin{pmatrix}\pi^1\circ\pi^1\\\begin{pmatrix}\pi^1\circ\pi^2\\\pi^1\circ\pi^3\end{pmatrix}\end{pmatrix}\circ x,\ \begin{pmatrix}\pi^2\circ\pi^1\\\begin{pmatrix}\pi^2\circ\pi^2\\\pi^2\circ\pi^3\end{pmatrix}\end{pmatrix}\circ x$ と表せる．そして前提条件

$$射\ X \underset{x_2}{\overset{x_1}{\rightrightarrows}} N\times(N\times N)\ が\ \mathrm{rec}\circ x_1 = \mathrm{rec}\circ x_2\ をみたす$$

は

$$射\ X \xrightarrow{x} N^2\times N^2\times N^2\ が$$

$$\mathrm{rec}\circ\begin{pmatrix}\pi^1\circ\pi^1\\\begin{pmatrix}\pi^1\circ\pi^2\\\pi^1\circ\pi^3\end{pmatrix}\end{pmatrix}\circ x = \mathrm{rec}\circ\begin{pmatrix}\pi^2\circ\pi^1\\\begin{pmatrix}\pi^2\circ\pi^2\\\pi^2\circ\pi^3\end{pmatrix}\end{pmatrix}\circ x \qquad(13.3)$$

をみたす

と言い換えられる．長ったらしくなるから $N\times N$ は N^2 とした．

N：なんともひどい見た目だなあ．とはいえ，これで「$k_1 < k_2$」ということを表現できるようになったわけか．$N^2\times N^2\times N^2$ の部分 $\begin{pmatrix}\pi^1\\s\circ+\end{pmatrix}\times 1_{N^2}\times 1_{N^2}$ を考えれば良い．

S：ところが話はそう単純ではない．要素が問題となっているのなら君の言う通りなのだが，今は一般要素が相手だからな．

N：ほう，ではもうどうしようもないな．おしまいだ．

S：話が単純でないというだけでどうにもならないとは言っていないだろうが．なぜ君はそうも極端なんだ．

N：君は世事に疎いから知らないだろうが，今わが国では「デジタル人材」が求められているんだ．「デジタル」，つまりは「0か1か」しか価値基準を持たない極端さが肝要なんだ．

S：末法の世だなあ．そのような世間からは目を背けてトポスを信じたまえ．トポスなら次の定理によって万事うまくいく．

> **定理 1**　トポスにおける可換図式：
>
>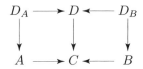
>
> で，左右の四角形が引き戻しであり，長方形の下側の辺 $A \to C \leftarrow B$ が余積の図式であるとき，上側の辺 $D_A \to D \leftarrow D_B$ もまた余積の図式である．

簡潔に言えば「引き戻しが余域の余積分解を基にして域を余積分解する」といったところか．集合と写像の世界における「値域が非交和で表されているとき，定義域は各成分の逆像による非交和となる」に対応した定理だ．

N：そう言われるとそれくらいは成り立ってもらわないと困るな．

S：ところがこの結果は今まで見てきたトポスの諸性質の総決算とでも言うべき非常に深遠なものなんだ．まず対象 C によるスライス圏を考える．そして，

- 元の圏における C を底とした引き戻しとスライス圏における積とが対応すること

- 元の圏とスライス圏との間で余積はそのまま対応すること

- トポスの基本定理によってトポスのスライス圏はまたトポスであり，特に積が余極限を保存すること

から[※1]

[※1] 単行本第 1 巻の第 12 話参照．

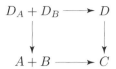

が引き戻しの図式だとわかる．仮定から $A+B \longrightarrow C$ は同型だが，

- トポスにおいて同型であることと全単射であることとは同値であること[※2]
- 一般の圏において単射の引き戻しは単射であること[※3]

そして

■補題2■　トポスにおいて，全射の引き戻しは全射である．

ことから $D_A+D_B \longrightarrow D$ が同型だとわかる．この補題は，以前示した単射と引き戻しとの間に成り立つ関係[※4]の双対：

■補題3■　射 $A \xrightarrow{e} B$ が全射であることと

$$\begin{array}{ccc} A & \xrightarrow{e} & B \\ {\scriptstyle e}\downarrow & & \downarrow{\scriptstyle 1_B} \\ B & \xrightarrow[1_B]{} & B \end{array}$$

が押し出しであることとは同値である．

[※2] 同上，第9話定理4．

[※3] 同上，第3話定理4．

[※4] 同上，第10話定理14．

に注意すれば，実質的には先程の引き戻しと余積との関係と同じだ．

N：全射 $A\xrightarrow{e}B$ の射 $C\xrightarrow{f}B$ による引き戻しを B によるスライス圏で考えれば良いということか？いつものようにスライス圏の対象を $[\ ,\ ]$ で囲んで表すことにすれば，元の圏とスライス圏との間の余極限の対応から

$$\begin{array}{ccc} [e] & \xrightarrow{e} & [1_B] \\ {\scriptstyle e}\downarrow & & \downarrow{\scriptstyle 1_B} \\ [1_B] & \xrightarrow[1_B]{} & [1_B] \end{array}$$

は押し出しの図式だ．$[f]$ との積をとれば，積が余極限を保存することによって

$$\begin{array}{ccc} [e]\times[f] & \xrightarrow{e\times 1_{[f]}} & [1_B]\times[f] \\ {\scriptstyle e\times 1_{[f]}}\downarrow & & \downarrow{\scriptstyle 1_B\times 1_{[f]}} \\ [1_B]\times[f] & \xrightarrow[1_B\times 1_{[f]}]{} & [1_B]\times[f] \end{array}$$

もまた押し出しの図式となる．

S：そこまで入り組んでいないから大きな問題にはならないだろうが，射の積 $e\times 1_{[f]}$ や $1_B\times 1_{[f]}$ には誤解が生じないように注意しないとな．たとえば前者は元の圏における引き戻しの普遍性によって一意的に定まる $A\times_B C$ から $B\times_B C$ への射だ．このあたりはスライス圏の射や対象を簡便に記したことによる記法の問題だが，よりややこしい話になったら対処することにしよう．さて $[1_B]$ は B によるスライス圏における終対象だから $[1_B]\times[f]\cong[f]$ で，$A\xrightarrow{e}B$ の $C\xrightarrow{f}B$ による引き戻しを $A\times_B C\xrightarrow{q}C$ とおけば，元

の圏において

$$\begin{array}{ccc} A\times_B C & \xrightarrow{q} & C \\ {\scriptstyle q}\downarrow & & \downarrow{\scriptstyle 1_C} \\ C & \xrightarrow[1_C]{} & C \end{array}$$

が押し出しの図式となって，q が全射だとわかる．

N：確かにトポスの基本定理など様々な性質が必要な結果だな．これで $N^2 \times N^2 \times N^2$ の余積分解を基にした X の余積分解が x による引き戻しによって定まるわけか．

S：定理では 2 つの成分を持つ余積を扱っているが，重要なのはスライス圏における積と余積との間の分配律であって 3 つだろうが 4 つだろうが問題ない．今回は

$$m_0 = \begin{pmatrix} 1_N \\ 1_N \end{pmatrix} \times 1_{N^2} \times 1_{N^2},$$
$$m_1 = \begin{pmatrix} \pi^1 \\ s \circ + \end{pmatrix} \times 1_{N^2} \times 1_{N^2},$$
$$m_2 = \begin{pmatrix} s \circ + \\ \pi^1 \end{pmatrix} \times 1_{N^2} \times 1_{N^2}$$

として，域をそれぞれ M_0, M_1, M_2 とでもおけば $M_0 + M_1 + M_2$ から $N^2 \times N^2 \times N^2$ への射 $(m_0\ m_1\ m_2)$ は同型で，さらに各 $j = 0, 1, 2$ に対して x による引き戻しを

$$\begin{array}{ccc} X_j & \xrightarrow{p_j} & M_j \\ {\scriptstyle \iota_j}\downarrow & & \downarrow{\scriptstyle m_j} \\ X & \xrightarrow[x]{} & N^2 \times N^2 \times N^2 \end{array} \quad (13.4)$$

とすれば $X_0 + X_1 + X_2$ から X への射 $(\iota_0\ \iota_2\ \iota_3)$ が同型となる．「$k_1 < k_2$ の場合云々」というのは，(13.3) のうち $X_1 \xrightarrow{\iota_1} X$ に関す

る成分を考えることに他ならない．あとの話は要素の場合と同じ展開になる．

N：これが一般要素についての大小の場合分けか．なんとも大変なものだなあ．(13.3) に右から ι_1 を合成すると，(13.4) から両辺はそれぞれ

$$\mathrm{rec} \circ \begin{pmatrix} \pi^1 \circ \pi^1 \\ \pi^1 \circ \pi^2 \\ \pi^1 \circ \pi^3 \end{pmatrix} \circ x \circ \iota_1 = \mathrm{rec} \circ \begin{pmatrix} \pi^1 \circ \pi^1 \\ \pi^1 \circ \pi^2 \\ \pi^1 \circ \pi^3 \end{pmatrix} \circ m_1 \circ p_1 = \mathrm{rec} \circ \begin{pmatrix} \pi^1 \circ \pi^1 \\ \pi^1 \circ \pi^2 \\ \pi^1 \circ \pi^3 \end{pmatrix} \circ p_1$$

$$\mathrm{rec} \circ \begin{pmatrix} \pi^2 \circ \pi^1 \\ \pi^2 \circ \pi^2 \\ \pi^2 \circ \pi^3 \end{pmatrix} \circ x \circ \iota_1 = \mathrm{rec} \circ \begin{pmatrix} \pi^2 \circ \pi^1 \\ \pi^2 \circ \pi^2 \\ \pi^2 \circ \pi^3 \end{pmatrix} \circ m_1 \circ p_1 = \mathrm{rec} \circ \begin{pmatrix} s \circ + \circ \pi^1 \\ \pi^2 \circ \pi^2 \\ \pi^2 \circ \pi^3 \end{pmatrix} \circ p_1$$

と計算できる．

S：元の条件と見比べると，x が p_1 に変わった点以外に右辺の括弧内の第 1 成分が $\pi^2 \circ \pi^1$ から $s \circ + \circ \pi^1$ に変化していることがわかるだろう．これは要素の場合に「$k_2 = k_1 + k_3 + 1$」とおいたことに対応している．実際，M_1 は $N^2 \times N^2 \times N^2$ だから p_1 の各成分を $\pi^1 \circ p_1 = \begin{pmatrix} b_1 \\ k_3 \end{pmatrix}$，$\pi^2 \circ p_1 = \begin{pmatrix} b_1 \\ b_2 \end{pmatrix}$，$\pi^3 \circ p_1 = \begin{pmatrix} d_1 \\ d_2 \end{pmatrix}$ と置き直せば，$s \circ + \circ \pi^1 \circ p_1 = s \circ + \circ \begin{pmatrix} k_1 \\ k_3 \end{pmatrix}$ だ．見やすいように一般要素に対しても要素と同様の中置記法を採用すれば，(13.3) に右から ι_1 を合成して得られる条件は

$$\begin{cases} (b_1 + d_1 + 1) \times k_1 + b_1 = (b_2 + d_2 + 1) \times (k_1 + k_3 + 1) + b_2 & (13.5) \\ b_1 + d_1 = b_2 + d_2 & (13.6) \end{cases}$$

となる．

N：なるほど，見かけ上は (13.1), (13.2) で $k_2 = k_1 + k_3 + 1$ としただけとなるのか．

S：そしてこの後に必要なものは分配律，簡約律だけだ．(13.6)の射を m と置いた上で射の変形を追えるように中置記法を止めれば，(13.5)の右辺の積の項は分配律[※5]によって

$$\nu \circ (1 \times s \circ +) \circ \begin{pmatrix} s \circ + \circ \begin{pmatrix} k_1 \\ k_3 \end{pmatrix} \\ \begin{pmatrix} b_2 \\ d_2 \end{pmatrix} \end{pmatrix} = \nu \circ \begin{pmatrix} s \circ + \circ \begin{pmatrix} k_1 \\ k_3 \end{pmatrix} \\ s \circ m \end{pmatrix}$$

$$= \nu \circ (+ \times 1) \circ \begin{pmatrix} \begin{pmatrix} k_1 \\ s \circ k_3 \end{pmatrix} \\ s \circ m \end{pmatrix}$$

$$= + \circ (\nu \times \nu) \circ \begin{pmatrix} \pi^1 \times 1 \\ \pi^2 \times 1 \end{pmatrix} \circ \begin{pmatrix} \begin{pmatrix} k_1 \\ s \circ k_3 \end{pmatrix} \\ s \circ m \end{pmatrix}$$

$$= + \circ \begin{pmatrix} \nu \circ \begin{pmatrix} k_1 \\ s \circ m \end{pmatrix} \\ \nu \circ \begin{pmatrix} s \circ k_3 \\ s \circ m \end{pmatrix} \end{pmatrix}$$

と変形できる．第 1 成分 $\nu \circ \begin{pmatrix} k_1 \\ s \circ m \end{pmatrix}$ は左辺の積の項だから，和の結合律および簡約律[※6]によって

$$b_1 = + \circ \begin{pmatrix} \nu \circ \begin{pmatrix} s \circ k_3 \\ s \circ m \end{pmatrix} \\ b_2 \end{pmatrix}$$

となる．さらに第 1 成分については

$$\nu \circ \begin{pmatrix} s \circ k_3 \\ s \circ m \end{pmatrix} = \nu \circ (s \times 1) \circ \begin{pmatrix} k_3 \\ s \circ m \end{pmatrix} = + \circ \begin{pmatrix} \pi^2 \\ \nu \end{pmatrix} \circ \begin{pmatrix} k_3 \\ s \circ m \end{pmatrix}$$

$$= + \circ \begin{pmatrix} s \circ + \circ \begin{pmatrix} b_1 \\ d_1 \end{pmatrix} \\ \nu \circ \begin{pmatrix} k_3 \\ s \circ m \end{pmatrix} \end{pmatrix} = + \circ \begin{pmatrix} b_1 \\ s \circ + \circ \begin{pmatrix} d_1 \\ \begin{pmatrix} k_3 \\ s \circ m \end{pmatrix} \end{pmatrix} \end{pmatrix}$$

[※5] 第 5 話の系 2.

[※6] 第 3 話の定理 2.

と変形できる．b_1 はこれと b_2 との和となっているが，要は $N^2 \times N^2 \times N^2$ から N への射 f で

$$b_1 = + \circ \begin{pmatrix} b_1 \\ s \circ f \circ p_1 \end{pmatrix}$$

をみたすものが存在するということだ．簡約律により $0 \circ !_{X_1} = s \circ f \circ p_1$ だが，これはつまり

ということだ．0 の s による引き戻しは始対象だったから[※7]，X_1 から始対象への射が存在することになり，X_1 は始対象と同型となる[※8]．

N：「場合分け」で得られた域の余域分解の成分が始対象に同型となって，要素のときの「矛盾」に対応するわけか．X_2 も同様に始対象と同型となるから，結局 $X \cong X_0 + X_1 + X_2 \cong X_0$ と X_0 のみが生き残る形となる．

S：このことによって $X_0 \xrightarrow{\iota_0} X$ が同型となる．（13.4）から

$$\pi^1 \circ \pi^1 \circ x = \pi^1 \circ \pi^1 \circ m_0 \circ p_0 \circ \iota_0^{-1} = \pi^1 \circ p_0 \circ \iota_0^{-1}$$
$$\pi^2 \circ \pi^1 \circ x = \pi^2 \circ \pi^1 \circ m_0 \circ p_0 \circ \iota_0^{-1} = \pi^1 \circ p_0 \circ \iota_0^{-1}$$

と，$\pi^1 \circ x$ の第 1 成分，第 2 成分が互いに等しいことがわかる．要素の場合の「$k_1 < k_2$ でも $k_1 > k_2$ でもないから $k_1 = k_2$ だ」と対応する結果だ．これさえわかれば，あとは (13.3) の第 1 成分を比較

[※7] 第 8 話の補題 2.

[※8] 単行本第 1 巻第 10 話の定理 4.

して，簡約律により $\pi^2 \circ x$ の第1成分，第2成分が互いに等しいことがわかる．そして (13.3) の第2成分からは $\pi^3 \circ x$ について同様のことがわかる．だから $x_1 = x_2$ で，rec が単射だといえる．

N：ややこしい話だったが，結局重要なことは一般要素を要素のように扱えるということなのか？

S：もちろんなんでもかんでもそのようにできるというわけではないが，少なくとも $N \times N$ の一般要素については三分律に基づいた場合分けができるということだな．そしてそれぞれの場合分けで「そのようなものは存在しない」というのは，対応する余域分解の成分が始対象と同型になるということだ．さてこれでとうとう「割り算」ができることが保証されたから，その計算方法を探っていこうじゃないか．

第 14 話

1. 割り算のアルゴリズム

S：割り算の基本定理が証明できたから実際の計算方法について調べていこう．割り算は，簡単に言えば「引けるだけ引く」というのが本質的な部分で，その回数が「商」，残ったものが「余り」と呼ばれているな．

N：条件をみたしている限り引き続けるということは，要は **while** 文を書くということだな．だが **for** 文なら反復で実装できるとして，**while** 文なんてどうするんだ？

S：まあまあそんなに生き急ぐんじゃない．生き急いでいるとうっかり死んでしまうぞ．まずは自然数を参考にしてどういうものがあれば良いか考えよう．必要なものは「引く数」，「引かれた結果」，そして「回数」だ．そこで $a, b, c \in N$ で $b \geq a$ に対しては

$$\mathrm{sub} \circ \begin{pmatrix} c \\ a \\ b \end{pmatrix} = \begin{pmatrix} c+1 \\ a \\ b \dot{-} a \end{pmatrix} = \left(s \times \begin{pmatrix} \pi^1 \\ \bullet \end{pmatrix} \right) \circ \begin{pmatrix} c \\ a \\ b \end{pmatrix}$$

と振る舞う関数 sub を考えよう．

N：a が割り算の除数で c が引いた回数にあたるわけか．「7 を 2 で割る」場合を考えると，$\begin{pmatrix} 0 \\ 2 \\ 7 \end{pmatrix}$ から始めて

$$\begin{pmatrix} 0 \\ 2 \\ 7 \end{pmatrix} \xrightarrow{\mathrm{sub}} \begin{pmatrix} 1 \\ 2 \\ 5 \end{pmatrix} \xrightarrow{\mathrm{sub}} \begin{pmatrix} 2 \\ 2 \\ 3 \end{pmatrix} \xrightarrow{\mathrm{sub}} \begin{pmatrix} 3 \\ 2 \\ 1 \end{pmatrix}$$

と確かに商が 3 で余りが 1 とわかる．

S：そして $b < a$ に対しては「何もしない」，つまり

$$\mathrm{sub} \circ \left(\begin{pmatrix} c \\ a \\ b \end{pmatrix} \right) = \begin{pmatrix} c \\ a \\ b \end{pmatrix}$$

だとしよう．これで a, b の大小関係によらず sub が定められたことになる．先程の例では

$$\begin{pmatrix} 0 \\ 2 \\ 7 \end{pmatrix} \xrightarrow{\mathrm{sub}} \begin{pmatrix} 1 \\ 2 \\ 5 \end{pmatrix} \xrightarrow{\mathrm{sub}} \begin{pmatrix} 2 \\ 2 \\ 3 \end{pmatrix} \xrightarrow{\mathrm{sub}} \begin{pmatrix} 3 \\ 2 \\ 1 \end{pmatrix} \circlearrowright \mathrm{sub}$$

となる．

N：ふうん，なるほどな．だがこれでは「答え」のところで延々とループするだけになるんじゃないか？ 気の利いた人が「もう答え出てますよ」と声を掛けてくれるのを待つのか？

S：そんなわけないだろう．割り算の基本定理はこういうプロセスが有限回で止まることを保証するから，充分な回数繰り返せば良いだけだ．そしてこの「充分な回数」もちゃんと見積もることができる．除数 a が 1 より大きければ，各ステップで 1 より大きな数が差し引かれることになる．だから必要な回数は被除数そのものを上回ることはない．

N：「b 割る a」を計算したければ，$\begin{pmatrix} 0 \\ a \\ b \end{pmatrix}$ に対して sub を b 回繰り返せば良いということか．つまり $I_{\mathrm{sub}} \circ \left(\begin{pmatrix} b \\ 0 \\ a \\ b \end{pmatrix} \right)$ だな．

S：この結果を $\begin{pmatrix} q \\ a \\ r \end{pmatrix}$ とおこう．これだけでは単に何かを計算しただけだが，この結果が実際に割り算の答えであるためには，a, b, q, r の間に

$$b = q \times a + r, \quad a > r$$

という関係が成り立っていなければならない．この形からわかるだろうが，いざ事ここに到ってようやく rec の出番だ．「$a>r$」は「何らかの $r' \in N$ に対して $a = r+r'+1$」であること，「$a \geq 1$」は「何らかの $a' \in N$ に対して $a = a'+1$」であることとそれぞれ言い換えられるから，合わせて $a' = r+r'$ がわかる．$\mathrm{rec} \circ \begin{pmatrix} \begin{pmatrix} q \\ r \\ r' \end{pmatrix} \end{pmatrix}$ は

$$\mathrm{rec} \circ \begin{pmatrix} \begin{pmatrix} q \\ r \\ r' \end{pmatrix} \end{pmatrix} = \begin{pmatrix} q \times (r+r'+1)+r \\ r+r' \end{pmatrix}$$

だから

$$\begin{pmatrix} b \\ a' \end{pmatrix} = \mathrm{rec} \circ \begin{pmatrix} \begin{pmatrix} q \\ r \\ r' \end{pmatrix} \end{pmatrix}$$

であってほしいということだ．rec の引数 $\begin{pmatrix} q \\ r \\ r' \end{pmatrix}$ については $\begin{pmatrix} q \\ a \\ r \end{pmatrix}$ との間に

$$\begin{pmatrix} \begin{pmatrix} q \\ a \\ r \end{pmatrix} \end{pmatrix} = \left(1 \times \begin{pmatrix} s \circ + \\ \pi^1 \end{pmatrix} \right) \circ \begin{pmatrix} \begin{pmatrix} q \\ r \\ r' \end{pmatrix} \end{pmatrix}$$

という関係がある．ここまでの観察結果をすべて射を表に出してまとめれば，

$$\begin{pmatrix} b \\ a' \end{pmatrix} \xrightarrow{\sigma} \begin{pmatrix} a' \\ b \end{pmatrix} \xrightarrow{s \times 1} \begin{pmatrix} a \\ b \end{pmatrix} \xrightarrow{\begin{pmatrix} \pi^2 \\ \begin{pmatrix} 0 \circ ! \\ 1 \end{pmatrix} \end{pmatrix}} \begin{pmatrix} b \\ 0 \\ \begin{pmatrix} a \\ b \end{pmatrix} \end{pmatrix} \\ \uparrow \mathrm{rec} \qquad\qquad\qquad\qquad\qquad\qquad \downarrow I_{\mathrm{sub}} \\ \begin{pmatrix} \begin{pmatrix} q \\ r \\ r' \end{pmatrix} \end{pmatrix} \xrightarrow{1 \times \begin{pmatrix} s \circ + \\ \pi^1 \end{pmatrix}} \begin{pmatrix} q \\ a \\ r \end{pmatrix} \qquad (14.1)$$

が可換なら，I_{sub} が確かに割り算の計算を担っていると言えるということだ．

N：この場合，$I_\mathrm{sub} \circ \left(\begin{pmatrix} \pi^2 \\ 0 \circ ! \\ 1 \end{pmatrix} \right) \circ \begin{pmatrix} a \\ b \end{pmatrix}$ が「b 割る a」にあたるわけだな．

S：これで方針は立ったから，まずは sub を定めよう．sub の要素に対する作用は

$$\mathrm{sub} \circ \left(\begin{pmatrix} c \\ a \\ b \end{pmatrix} \right) = \begin{cases} \left(s \times \begin{pmatrix} \pi^1 \\ \cdot \end{pmatrix} \right) \circ \left(\begin{pmatrix} c \\ a \\ b \end{pmatrix} \right), & b \geq a \\ \left(\begin{pmatrix} c \\ a \\ b \end{pmatrix} \right), & b < a \end{cases} \tag{14.2}$$

だった．以前から，こういった場合分けは余積を通じて定めてきたが，改めてその構成方法をまとめておこう．

■ **補題 1** ■　$A \xrightarrow{m_A} C \xleftarrow{m_B} B$ は余積の図式とする．余積の普遍性により，任意の $C \underset{g}{\overset{f}{\rightrightarrows}} D$ に対して $C \xrightarrow{h} D$ で

$$\begin{array}{ccc} A & \xrightarrow{m_A} & C & \xleftarrow{m_B} & B \\ {\scriptstyle m_A}\downarrow & & {\scriptstyle h}\downarrow & & \downarrow{\scriptstyle m_B} \\ C & \xrightarrow{f} & D & \xleftarrow{g} & C \end{array}$$

を可換にするものが一意に存在するが，これは任意の $x \in C$ に対して

$$h \circ x = \begin{cases} f \circ x, & x \in m_A \\ g \circ x, & x \in m_B \end{cases}$$

をみたす．

証明は「$x \in m_A$」がどういうことかを振り返れば明らかだろう．この構成方法を用いて，余積の図式 $N^2 \xrightarrow{\binom{\pi^1}{+}} N^2 \xleftarrow{\binom{s \circ +}{\pi^1}} N^2$ から

$N \times N^2 \xrightarrow{\text{sub}} N \times N^2$ を

$$
\begin{array}{ccccc}
N \times N^2 & \xrightarrow{1 \times \binom{\pi^1}{+}} & N \times N^2 & \xleftarrow{1 \times \binom{s \circ +}{\pi^1}} & N \times N^2 \\
{\scriptstyle 1 \times \binom{\pi^1}{+}} \downarrow & & \downarrow {\scriptstyle \text{sub}} & & \downarrow {\scriptstyle 1 \times \binom{s \circ +}{\pi^1}} \quad (14.3)\\
N \times N^2 & \xrightarrow{s \times \binom{\pi^1}{\dot{-}}} & N \times N^2 & \xleftarrow{1} & N \times N^2
\end{array}
$$

を可換にする一意な射として定めれば，$N \times N^2$ の要素に対して (14.2) のように振る舞う射が得られる．(14.1) でまとめた通り，sub の反復 I_{sub} について

定理 2 自然数対象 $\langle N, 0, s \rangle$ を持ったトポスにおいて，

$$
\begin{array}{ccccc}
N^2 & \xrightarrow{\sigma} & N^2 & \xrightarrow{s \times 1} & N^2 \xrightarrow{\binom{\pi^2}{\binom{0 \circ !}{1}}} N \times (N \times N^2) \\
{\scriptstyle \text{rec}} \uparrow & & & & \downarrow {\scriptstyle I_{\text{sub}}} \quad (14.4)\\
N \times N^2 & & \xrightarrow{1 \times \binom{s \circ +}{\pi^1}} & & N \times N^2
\end{array}
$$

は可換である．

ことを示すのが我々の目標だ．

2. 反復の特徴付け

N：まあなんとも見るからにややこしそうな内容じゃないか．

第 14 話

S: 君が想像している以上にややこしいということは断言できる．話の流れからわかるだろうが，反復が極めて重要になってくる．この定理の証明にあたっては，未だ調べていない反復の様々な性質が非常に大量に必要になる．

N: なんだって君はそんなに気の滅入ることを言うんだ．もっとハッピーにいこう．

S: ハッピー星にでも行きたまえ．一つ目の重要な性質は反復の定義に関わることだ．射 $X \xrightarrow{f} X$ の反復 $N \times N \xrightarrow{I_f} X$ は

$$\begin{array}{ccccc} X & \xrightarrow{1} & X & \xleftarrow{f} & X \\ & {\scriptstyle \begin{pmatrix} 0\circ! \\ 1 \end{pmatrix}} \searrow & \uparrow{\scriptstyle I_f} & & \uparrow{\scriptstyle I_f} \\ & & N \times X & \xleftarrow[s \times 1]{} & N \times X \end{array} \quad (14.5)$$

を可換にする一意な射として定義されたが，これはわかりやすく指数の形で書けば

$$\begin{cases} f^0 = 1 \\ f^{n+1} = f \circ f^n \end{cases}$$

を意図した定義だ．だがこれとは別に

$$\begin{cases} f^0 = 1 \\ f^{n+1} = f^n \circ f \end{cases}$$

から定めても同じものが得られるはずだ．

N: f を左から合成するか右から合成するかだけの違いか．

S: (14.5) は $1 \xrightarrow{\hat{1}} X^X \xleftarrow{f^X} X^X$ に自然数対象の普遍性を用いて得られたものだ．射の冪についてまとめておくと，$A \xrightarrow{a} B$ に対して $A^C \xrightarrow{a^C} B^C, D^B \xrightarrow{D^a} D^A$ はそれぞれ冪の普遍性に基づいて

$$\begin{array}{ccc} A^C \times C \xrightarrow{\varepsilon_A^C} A & \quad & D^B \times A \xrightarrow{1 \times a} D^B \times B \\ {\scriptstyle a^C \times 1} \downarrow \quad \quad \downarrow {\scriptstyle a} & \quad & {\scriptstyle D^a \times 1} \downarrow \quad \quad \quad \downarrow {\scriptstyle \varepsilon_D^B} \\ B^C \times C \xrightarrow{\varepsilon_B^C} B & \quad & D^A \times A \xrightarrow{\varepsilon_D^A} D \end{array} \quad (14.6)$$

を可換にする一意な射だ．A^C の要素をアンカリー化して射 $C \longrightarrow A$ と対応させると，$A^C \xrightarrow{a^C} B^C$ は $C \longrightarrow A$ から $C \longrightarrow A \xrightarrow{a} B$ を得る操作に対応する．「a を左から合成する」わけだ．対照的に D^a は「a を右から合成する」作用を持つ．これらはカリー化，アンカリー化を計算すればわかることだ．

N：射 $C \xrightarrow{c} A$ をカリー化して $1 \xrightarrow{\hat{c}} A^C$ を得た後に $a^C \circ \hat{c}$ をアンカリー化するわけか．c のカリー化を表す図式と (14.6) の左の図式とをつなげれば

$$\begin{array}{ccc} 1 \times C \xrightarrow{\hat{c} \times 1} A^C \times C \xrightarrow{a^C \times 1} B^C \times C \\ {\scriptstyle \pi^2} \downarrow \wr \quad \quad \quad \downarrow {\scriptstyle \varepsilon_A^C} \quad \quad \quad \downarrow {\scriptstyle \varepsilon_B^C} \\ C \xrightarrow{c} A \xrightarrow{a} B \end{array}$$

が可換で問題ない．

S：D^a の方は，$B \xrightarrow{b} D$ をカリー化して，可換図式

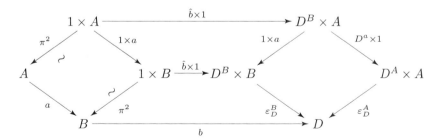

を描けば良い．反復の話に戻るが，I_f は「f を左から合成する」作用を持つ f^X から定められているから，「f を右から合成する」作

用を持つ X^f を用いて，$N \xrightarrow{u} X^X$ で

$$1 \xrightarrow{\hat{1}} X^X \xleftarrow{X^f} X^X \\ {}_{0}\searrow \quad {}^{u}\uparrow \quad \quad {}^{u}\uparrow \\ N \xleftarrow{s} N \tag{14.7}$$

を可換にする一意な射を考えよう．

N：つまり (14.7) からは $f^{n+1} = f^n \circ f$ という再帰に対応した反復が得られるわけだな．そしてこれが I_f に等しいはずだと．

S：これには今新たに定義した u が従来の図式

$$1 \xrightarrow{\hat{1}} X^X \xleftarrow{f^X} X^X \\ {}_{0}\searrow \quad {}^{u}\uparrow \quad \quad {}^{u}\uparrow \\ N \xleftarrow{s} N \tag{14.8}$$

をも可換にすることを示せば良い．$f^X \circ u = X^f \circ u$ なら良いが，このことは両者が $1 \xrightarrow{\hat{f}} X^X \xrightarrow{X^f} X^X$ に自然数対象の普遍性を用いて得られる一意な射 $N \longrightarrow X^X$ であることからわかる．そしてこれは，アンカリー化を計算すればすぐわかる関係式 $f^X \circ X^f = X^f \circ f^X$ から従う．

N：黙って聞いていれば関係詞節の練習問題かと思うほど入り組んだ話じゃないか．それぞれアンカリー化すると

$$\varepsilon_X^X \circ (f^X \circ X^f \times 1) = x \circ \varepsilon_X^X \circ (X^f \times 1) = x \circ \varepsilon_X^X \circ (1 \times x)$$
$$\varepsilon_X^X \circ (X^f \circ f^X \times 1) = \varepsilon_X^X \circ (1 \times x) \circ (f^X \times 1)$$
$$= \varepsilon_X^X \circ (f^X \times 1) \circ (1 \times x) = x \circ \varepsilon_X^X \circ (1 \times x)$$

だから $f^X \circ X^f = X^f \circ f^X$ だな．そして

$$f^X \circ u \circ 0 = f^X \circ \hat{1} = \hat{f}$$
$$f^X \circ u \circ s = f^X \circ X^f \circ u = X^f \circ f^X \circ u$$
$$X^f \circ u \circ 0 = X^f \circ \hat{1} = \hat{f}$$
$$X^f \circ u \circ s = X^f \circ X^f \circ u$$

から,$f^X \circ u$,$X^f \circ u$ がどちらも

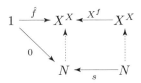

を可換にする射だとわかる.従って両者は等しく,

$$u \circ 0 = \hat{1}$$
$$r \circ s = X^f \circ u = f^X \circ u$$

から (14.8) は可換で,u のアンカリー化 $N \times X \xrightarrow{\check{u}} X$ は I_f に等しい.

S: あとは u を定める図式 (14.7) をアンカリー化して $\check{u}$ がみたすべき関係式を求めよう.(14.7) 全体に X をかけて ε_X^X と合成して,(14.6) と組み合わせれば

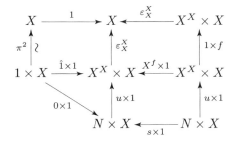

となる.$\check{u} = \varepsilon_X^X \circ (u \times 1)$ だから

$$\varepsilon_X^X \circ (1 \times f) \circ a(u \times 1) = \varepsilon_X^X \circ (u \times 1) \circ (1 \times f) = \check{u} \circ (1 \times f)$$

で,次のようにまとめられる.

■ **補題 3** ■　自然数対象 $\langle N, 0, s \rangle$ を持ったカルテジアン閉圏において，$X \xrightarrow{f} X$ の反復 I_f は

$$\begin{array}{ccccc} X & \xrightarrow{1} & X & \xleftarrow{I_f} & N \times X \\ & {\scriptsize \begin{pmatrix}0\circ !\\1\end{pmatrix}} \searrow & \uparrow {\scriptsize I_f} & & \uparrow {\scriptsize 1 \times f} \\ & & N \times X & \xleftarrow{s \times 1} & N \times X \end{array}$$

を可換にする一意な射である．

N：これであとは定理の証明か．

3. 証明の方針

S：ははは，君は実に楽天家だな．我々が知るべき反復についての性質はまだまだあるから引き続き反復について調べていこう．(14.4) の可換性を示す上での難所は明らかに I_sub の取り扱いだろう．

N：sub は引数によって振る舞いが変わるからな．

S：そこでまずは左下の $N \times N^2$ から要素 $\begin{pmatrix} q \\ r \\ r' \end{pmatrix}$ をとって，方針を考えることにしよう．

N：I_sub を合成する直前までは

$$\begin{pmatrix} \pi^2 \\ \begin{pmatrix}0\circ !\\1\end{pmatrix} \end{pmatrix} \circ (s \times 1) \circ \sigma \circ \mathrm{rec} \circ \begin{pmatrix} q \\ r \\ r' \end{pmatrix} = \begin{pmatrix} \pi^2 \\ \begin{pmatrix}0\circ !\\1\end{pmatrix} \end{pmatrix} \circ \begin{pmatrix} r+r'+1 \\ q \times (r+r'+1)+r \end{pmatrix}$$

$$= \begin{pmatrix} q \times (r+r'+1)+r \\ \begin{pmatrix} 0 \\ r+r'+1 \\ q \times (r+r'+1)+r \end{pmatrix} \end{pmatrix}$$

と計算できる.

S: これに sub の反復 I_{sub} を合成するわけだから,全体としては「$q\times(r+r'+1)+r$ から $r+r'+1$ を最大で $q\times(r+r'+1)+r$ 回引けるだけ引く」ということになる.ところがこの表現からわかる通り,q 回引くと残りは r となってこれ以上引けなくなる.

N: $\begin{pmatrix}q\\\begin{pmatrix}r\\r'\end{pmatrix}\end{pmatrix}$ から始めたから,あらかじめ割り算の結果である商がわかっているわけか.$q\times(r+r'+1)+r = q+(q\times(r+r')+r)$ だから,最初の q 回で割り算のアルゴリズムは終わって,残りの $q\times(r+r')+r$ 回では sub は要素を変化させないことになる.

S: だから,反復の実行回数を分割できるという性質[※1] を用いて,まず最初の q 回で

$$I_{\text{sub}} \circ \left(\begin{pmatrix}q\\0\\\begin{pmatrix}r+r'+1\\q\times(r+r'+1)+r\end{pmatrix}\end{pmatrix}\right) = \begin{pmatrix}q\\\begin{pmatrix}r+r'+1\\r\end{pmatrix}\end{pmatrix} \tag{14.9}$$

と計算して,残りの回数だけ sub を反復すれば

$$I_{\text{sub}} \circ \left(\begin{pmatrix}q\times(r+r'+1)+r\\0\\\begin{pmatrix}r+r'+1\\q\times(r+r'+1)+r\end{pmatrix}\end{pmatrix}\right) = I_{\text{sub}} \circ \left(\begin{pmatrix}q\times(r+r')+r\\\begin{pmatrix}q\\r+r'+1\\r\end{pmatrix}\end{pmatrix}\right) = \begin{pmatrix}q\\\begin{pmatrix}r+r'+1\\r\end{pmatrix}\end{pmatrix}$$

となって,(14.4) が可換になる.

[※1] 第 2 話の定理 2.

4. 反復の諸性質

N: まあとにかく反復の計算ということだな.

S: そういうことだ. 先程の要素を用いた概観の細部を埋めるために必要な性質について調べていこう. まずは次のような「当たり前」の結果:
$$f \circ x = y \circ f \implies f \circ x^n = y^n \circ f$$
$$(x \times y)^n = x^n \times y^n$$
がほしい.

補題 4 自然数対象 $\langle N, 0, s \rangle$ を持ったトポスにおいて, 射 $X \xrightarrow{x} X, Y \xrightarrow{y} Y$ および $X \xrightarrow{f} Y$ について次が成り立つ:

1. $\begin{array}{ccc} X & \xrightarrow{f} & Y \\ x \downarrow & & \downarrow y \\ X & \xrightarrow{f} & Y \end{array}$ が可換なら $\begin{array}{ccc} N \times X & \xrightarrow{1 \times f} & N \times Y \\ I_x \downarrow & & \downarrow I_y \\ X & \xrightarrow{f} & Y \end{array}$ も可換である.

2. $\begin{array}{ccc} N \times (X \times Y) & \xrightarrow{I_{x \times y}} & X \times Y \\ \begin{pmatrix} 1 \times \pi^1 \\ 1 \times \pi^2 \end{pmatrix} \downarrow & & \parallel \\ (N \times X) \times (N \times Y) & \xrightarrow{I_x \times I_y} & X \times Y \end{array}$ は可換である.

1 については $X \xrightarrow{f} Y \xleftarrow{y} Y \xleftarrow{\pi^3} N \times X \times Y$ に原始再帰法を用いれば良く, 2 については $(I_x \times I_y) \circ \begin{pmatrix} 1 \times \pi^1 \\ 1 \times \pi^2 \end{pmatrix}$ が $x \times y$ の反復がみたすべき関係式をみたすことを確かめれば良い. これらから次のことがわかる:

■ 系 5 ■ 補題 4 の設定の下で次が成り立つ：

1. 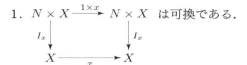 は可換である．

2. $X \xrightarrow{f} Y$ が可換なら $N \times X \xrightarrow{1 \times f} N \times Y$ も可換
   $\Vert \quad \downarrow y \qquad \qquad \pi^2 \downarrow \qquad \qquad \downarrow I_y$
   $X \xrightarrow{f} Y \qquad \qquad \qquad X \xrightarrow{f} Y$

である．

3. $N \times (X \times Y) \xrightarrow{I_x \times 1} X \times Y \xleftarrow{I_{1 \times y}} N \times (X \times Y)$ は
   $\begin{pmatrix} 1 \times \pi^1 \\ \pi^2 \circ \pi^2 \end{pmatrix} \Big\updownarrow \begin{pmatrix} \pi^1 \circ \pi^1 \\ \pi^2 \times 1 \end{pmatrix} \quad \Vert \quad \begin{pmatrix} \pi^1 \circ \pi^2 \\ 1 \times \pi^2 \end{pmatrix} \Big\updownarrow \begin{pmatrix} \pi^1 \circ \pi^2 \\ 1 \times \pi^2 \end{pmatrix}$
   $(N \times X) \times Y \xrightarrow[I_x \times 1]{} X \times Y \xleftarrow[1 \times I_y]{} X \times (N \times Y)$

可換である．

1 は補題 4 の 1 を x, y, f のすべてが x である状況で適用すれば良い．2 は補題 4 の 1 で $x = 1$ としたもので，$I_1 = \pi^2$ であることからわかる．「$I_1 = \pi^2$」自体は $N \times X \xrightarrow{\pi^2} X$ が I_1 のみたすべき関係式をみたすことを確認すれば良い．3 は補題 4 の 2 で $y = 1$ とすれば左側の四角形の可換性が，$x = 1$ とすれば右側の四角形の可換性がわかる．さらにこのような場合，$\begin{pmatrix} 1 \times \pi^1 \\ 1 \times \pi^2 \end{pmatrix}$ が同型になるから逆射を用いた関係式も得られる．

N：簡単な関係式から随分と色々な結果が得られるものだな．

S：系 5 の 1 は $x \circ x^n = x^n \circ x$ で，2 は $y \circ f = f$ なら $y^n \circ f = f$ だという，やはり「当たり前」に成り立っていてほしい結果だ．次の結果も重要だ：

■ **補題 6** ■　自然数対象 $\langle N, 0, s \rangle$ を持ったトポスにおいて，射 $X \xrightarrow{x} X, X \xrightarrow{x'} X$ について，$x \circ x'$ が x, x' のいずれかと可換なとき，すなわち

1. $x \circ (x \circ x') = (x \circ x') \circ x$
2. $(x \circ x') \circ x' = x' \circ (x \circ x')$

のいずれかが成り立つとき

$$I_{x \circ x'} = I_x \circ \begin{pmatrix} \pi^1 \\ I_{x'} \end{pmatrix}$$

である．

主張自体は

$$x \circ \cdots \circ x \circ x' \circ \cdots \circ x'$$

というものから，真ん中の $x \circ x'$ を x と可換ならば左に x' と可換ならば右に動かして，最終的に

$$(x \circ x') \circ \cdots \circ (x \circ x')$$

と整理できるということだ．

N：右辺が $x \circ x'$ の反復だといえれば良いが，初期条件の方は

$$I_x \circ \begin{pmatrix} \pi^1 \\ I_{x'} \end{pmatrix} \circ \begin{pmatrix} 0 \circ ! \\ 1 \end{pmatrix} = I_x \circ \begin{pmatrix} 0 \circ ! \\ 1 \end{pmatrix} = 1$$

で問題ない．再帰の方は

$$I_x \circ \begin{pmatrix} \pi^1 \\ I_{x'} \end{pmatrix} \circ (s \times 1) = I_x \circ \begin{pmatrix} s \circ \pi^1 \\ I_{x'} \circ (s \times 1) \end{pmatrix} = I_x \circ (s \times 1) \circ \begin{pmatrix} \pi^1 \\ I_{x'} \circ (s \times 1) \end{pmatrix}$$

と計算できる．「真ん中の $x \circ x'$」を括り出すためには I_x には通常の再帰，I_x には補題 3 が使えて

$$I_x \circ (s \times 1) \circ \begin{pmatrix} \pi^1 \\ I_{x'} \circ (s \times 1) \end{pmatrix} = I_x \circ (1 \times x) \circ \begin{pmatrix} \pi^1 \\ x' \circ I_{x'} \end{pmatrix}$$

と変形できる．$x \circ x'$ が x と可換な場合は補題 4 の 1 で y, f としてそれぞれ $x, x \circ x'$ をとれば

$$I_x \circ (1 \times x) \circ \begin{pmatrix} \pi^1 \\ x' \circ I_{x'} \end{pmatrix} = I_x \circ (1 \times x \circ x') \circ \begin{pmatrix} \pi^1 \\ I_{x'} \end{pmatrix} = x \circ x' \circ I_x \circ \begin{pmatrix} \pi^1 \\ I_{x'} \end{pmatrix}$$

と再帰の条件が確認できた.$x \circ x'$ が x' と可換なら x, y, f としてそれぞれ $x', x', x \circ x'$ をとれば

$$I_x \circ (1 \times x) \circ \begin{pmatrix} \pi^1 \\ x' \circ I_{x'} \end{pmatrix} = I_x \circ \begin{pmatrix} \pi^1 \\ x \circ x' \circ I_{x'} \end{pmatrix}$$
$$= I_x \circ \begin{pmatrix} \pi^1 \\ I_{x'} \circ (1 \times x \circ x') \end{pmatrix}$$
$$= I_x \circ \begin{pmatrix} \pi^1 \\ I_{x'} \end{pmatrix} \circ (1 \times x \circ x')$$

で,前回示した特徴付けが使える形だ.

S:反復についての一般的な性質はこれくらいで良いだろう.最後に足し算と掛け算との間に反復が関わっていることが必要だ.反復の添え字にすると見栄えが悪くなるから適宜 $\mathrm{geq} = \begin{pmatrix} \pi^1 \\ + \end{pmatrix}$ とおくと[※2]

■ **補題 7** ■ 自然数対象 $\langle N, 0, s \rangle$ を持ったトポスにおいて,
$$I_{\mathrm{geq}} = \begin{pmatrix} \pi^1 \circ \pi^2 \\ + \circ \begin{pmatrix} \nu \circ (1 \times \pi^1) \\ \pi^2 \circ \pi^2 \end{pmatrix} \end{pmatrix}$$

である.

ことが成り立つ.自然数に対しての振る舞いを見れば話がわかりやすい.$\begin{pmatrix} a \\ b \end{pmatrix}$ に $\begin{pmatrix} \pi^1 \\ + \end{pmatrix}$ を作用させると $\begin{pmatrix} a \\ b+a \end{pmatrix}$ で,これを n 回繰り返せば b に a が n 回足されて $\begin{pmatrix} a \\ b+a \times n \end{pmatrix}$ になるというこ

[※2] 我々の二項演算についての中置記法では第1引数を第2引数の後ろに配置する方式をとってきたので,これと平仄を合わせれば二項関係 $\begin{pmatrix} \pi^1 \\ + \end{pmatrix}$ は「≥」に対応する.

● 第 14 話

とだ．今回何度もやっている通り，右辺が $\begin{pmatrix}\pi^1\\+\end{pmatrix}$ の反復がみたすべき条件をみたしていることを確認すれば証明は終わる．さて，この形と rec との間には明らかな類似がある．rec は $\begin{pmatrix}q\\r\\r'\end{pmatrix}$ を $\begin{pmatrix}q\times(r+r'+1)+r\\r+r'\end{pmatrix}$ にうつすが，これを $\begin{pmatrix}a\\b+a\times n\end{pmatrix}$ と比較すれば，$a=r+r'+1, b=r, n=q$ とおくことで

$$(s\times 1)\circ\sigma\circ\mathrm{rec}\circ\begin{pmatrix}q\\r\\r'\end{pmatrix}=\begin{pmatrix}r+r'+1\\q\times(r+r'+1)+r\end{pmatrix}$$

$$=\begin{pmatrix}a\\n\times a+b\end{pmatrix}=I_{\mathrm{geq}}\circ\begin{pmatrix}n\\a\\b\end{pmatrix}$$

のようにうまく対応することがわかる．$\begin{pmatrix}n\\a\\b\end{pmatrix}=\left(1\times\begin{pmatrix}s\circ+\\\pi^1\end{pmatrix}\right)\circ\begin{pmatrix}q\\r\\r'\end{pmatrix}$ だから

▌補題 8 ▌ 自然数対象 $\langle N, 0, s\rangle$ を持ったトポスにおいて，

$$(s\times 1)\circ\sigma\circ\mathrm{rec}=I_{\mathrm{geq}}\circ\begin{pmatrix}s\circ+\\\pi^1\end{pmatrix}$$

である．

と推測できるが，実際に成分を計算すればこれは正しい．さあこれで準備は終わりだ．

5．定理の証明

N：準備だけで恐ろしく長かったな．

S：まああとは $I_{\text{sub}} \circ \begin{pmatrix} \pi^2 \\ 0 \circ ! \\ 1 \end{pmatrix} \circ (s \times 1) \circ \sigma \circ \text{rec}$ を計算するだけだ．

このとき重要なのは，自然数に対して概観したとき同様，反復を分割して (14.9) をまず計算することだ．君が計算した $q \times (r + r' + 1) + r = q + (q \times (r + r') + r)$ に対応する式変形を I_{sub} の第 1 引数 $\pi^2 \circ (s \times 1) \circ \sigma \circ \text{rec} = \pi^1 \circ \text{rec}$ に適用すれば

$$\pi^1 \circ \text{rec} = + \circ \begin{pmatrix} \nu \circ (1 \times s \circ +) \\ \pi^1 \circ \pi^2 \end{pmatrix}$$

$$= + \circ \begin{pmatrix} + \circ \begin{pmatrix} \pi^1 \\ \nu \end{pmatrix} \circ (1 \times +) \\ \pi^1 \circ \pi^2 \end{pmatrix} = + \circ \begin{pmatrix} \pi^1 \\ + \circ \begin{pmatrix} \nu \circ (1 \times +) \\ \pi^1 \circ \pi^2 \end{pmatrix} \end{pmatrix}$$

だ．和の第 2 引数はもうどうでも良いものだから x とでも置いておこう．すると，反復の分割に関する関係式[※3] から

$$I_{\text{sub}} \circ \begin{pmatrix} \pi^2 \\ 0 \circ ! \\ 1 \end{pmatrix} \circ (s \times 1) \circ \sigma \circ \text{rec} = I_{\text{sub}} \circ \begin{pmatrix} + \circ \begin{pmatrix} \pi^1 \\ x \end{pmatrix} \\ 0 \circ ! \\ (s \times 1) \circ \sigma \circ \text{rec} \end{pmatrix}$$

$$= I_{\text{sub}} \circ \begin{pmatrix} x \\ I_{\text{sub}} \circ \begin{pmatrix} \pi^1 \\ 0 \circ ! \\ (s \times 1) \circ \sigma \circ \text{rec} \end{pmatrix} \end{pmatrix}$$

と変形できる．内側の I_{sub} を計算するというのが (14.9) にあたる．

N：最も内側の括弧の第 2 成分は補題 8 がそのまま使えるな．

[※3] 第 2 話の定理 2．

$$\begin{pmatrix} 0 \circ ! \\ (s \times 1) \circ \sigma \circ \mathrm{rec} \end{pmatrix} = \begin{pmatrix} 0 \circ ! \\ I_{\mathrm{geq}} \circ \left(1 \times \begin{pmatrix} s \circ + \\ \pi^1 \end{pmatrix} \right) \end{pmatrix}$$

$$= (1 \times I_{\mathrm{geq}}) \circ \begin{pmatrix} 0 \circ ! \\ 1 \end{pmatrix} \circ \begin{pmatrix} s \circ + \\ \pi^1 \end{pmatrix}$$

で, 系 5 の 3 から

$$= I_{1 \times \mathrm{geq}} \circ \begin{pmatrix} \pi^1 \circ \pi^2 \\ 1 \times \pi^2 \end{pmatrix} \circ \begin{pmatrix} 0 \circ ! \\ 1 \end{pmatrix} \circ \left(1 \times \begin{pmatrix} s \circ + \\ \pi^1 \end{pmatrix} \right)$$

$$= I_{1 \times \mathrm{geq}} \circ \begin{pmatrix} \pi^1 \\ \begin{pmatrix} 0 \circ ! \\ \pi^2 \end{pmatrix} \end{pmatrix} \circ \left(1 \times \begin{pmatrix} s \circ + \\ \pi^1 \end{pmatrix} \right)$$

だ.

S: さらに $\pi^1 \circ \begin{pmatrix} \pi^1 \\ \begin{pmatrix} 0 \circ ! \\ \pi^2 \end{pmatrix} \end{pmatrix} \circ \left(1 \times \begin{pmatrix} s \circ + \\ \pi^1 \end{pmatrix} \right) = \pi^1$ だから

$$I_{\mathrm{sub}} \circ \begin{pmatrix} \pi^1 \\ 0 \circ ! \\ (s \times 1) \circ \sigma \circ \mathrm{rec} \end{pmatrix} = I_{\mathrm{sub}} \circ \begin{pmatrix} \pi^1 \\ I_{1 \times \mathrm{geq}} \end{pmatrix} \circ \begin{pmatrix} \pi^1 \\ \begin{pmatrix} 0 \circ ! \\ \pi^2 \end{pmatrix} \end{pmatrix} \circ \left(1 \times \begin{pmatrix} s \circ + \\ \pi^1 \end{pmatrix} \right)$$

と変形できる. sub の定義 (14.3) により

$$\mathrm{sub} \circ \left(1 \times \begin{pmatrix} \pi^1 \\ + \end{pmatrix} \right) = \left(s \times \begin{pmatrix} \pi^1 \\ \cdot \end{pmatrix} \right) \circ \left(1 \times \begin{pmatrix} \pi^1 \\ + \end{pmatrix} \right) = s \times 1$$

で, これは $1 \times \begin{pmatrix} \pi^1 \\ + \end{pmatrix}$ と可換だから補題 6 が適用できて,

$I_{\mathrm{sub}} \circ \begin{pmatrix} \pi^1 \\ I_{1 \times \mathrm{geq}} \end{pmatrix} = I_{s \times 1}$ だ. 系 5 の 3 から

$$I_{\text{sub}} \circ \left(\begin{pmatrix} \pi^1 \\ 0 \circ ! \\ (s \times 1) \circ \sigma \circ \text{rec} \end{pmatrix} \right) = I_{s \times 1} \circ \begin{pmatrix} \pi^1 \\ 0 \circ ! \\ \pi^2 \end{pmatrix} \circ \left(1 \times \begin{pmatrix} s \circ + \\ \pi^1 \end{pmatrix} \right)$$

$$= (I_s \times 1) \circ \begin{pmatrix} 1 \times \pi^1 \\ \pi^2 \circ \pi^2 \end{pmatrix} \circ \begin{pmatrix} \pi^1 \\ 0 \circ ! \\ \pi^2 \end{pmatrix} \circ \left(1 \times \begin{pmatrix} s \circ + \\ \pi^1 \end{pmatrix} \right)$$

$$= (+ \times 1) \circ \left(\begin{pmatrix} \pi^1 \\ 0 \circ ! \\ \pi^2 \end{pmatrix} \right) \circ \left(1 \times \begin{pmatrix} s \circ + \\ \pi^1 \end{pmatrix} \right)$$

$$= 1 \times \begin{pmatrix} s \circ + \\ \pi^1 \end{pmatrix}$$

と計算できて，無事 (14.9) にあたる部分が示せた．あとは，定義 (14.3) から $\text{sub} \circ \left(1 \times \begin{pmatrix} s \circ + \\ \pi^1 \end{pmatrix}\right) = 1 \times \begin{pmatrix} s \circ + \\ \pi^1 \end{pmatrix}$ だから，系 5 の 2 が使えて

$$I_{\text{sub}} \circ \left(\begin{pmatrix} \pi^2 \\ 0 \circ ! \\ 1 \end{pmatrix} \right) \circ (s \times 1) \circ \sigma \circ \text{rec} = I_{\text{sub}} \circ \begin{pmatrix} x \\ 1 \times \begin{pmatrix} s \circ + \\ \pi^1 \end{pmatrix} \end{pmatrix}$$

$$= I_{\text{sub}} \circ \left(1 \times \left(1 \times \begin{pmatrix} s \circ + \\ \pi^1 \end{pmatrix} \right) \right) \circ \begin{pmatrix} x \\ 1 \end{pmatrix}$$

$$= \left(1 \times \begin{pmatrix} s \circ + \\ \pi^1 \end{pmatrix} \right) \circ \pi^2 \circ \begin{pmatrix} x \\ 1 \end{pmatrix}$$

$$= 1 \times \begin{pmatrix} s \circ + \\ \pi^1 \end{pmatrix}$$

で定理が証明できた．ちなみに定理 2 と

$$\begin{pmatrix} \pi^1 \\ \bullet \end{pmatrix} \circ (1 \times p) \circ \sigma \circ \begin{pmatrix} s \circ + \\ \pi^1 \end{pmatrix} = 1$$

とを合わせれば

系 9 自然数対象 $\langle N, 0, s \rangle$ を持ったトポスにおいて，

$$\left(1 \times \begin{pmatrix} \pi^1 \\ \bullet \end{pmatrix} \right) \circ (1 \times p) \circ \sigma \circ I_{\text{sub}} \circ \left(\begin{pmatrix} \pi^2 \\ 0 \circ ! \\ 1 \end{pmatrix} \right) \circ (s \times 1) \circ \sigma \circ \text{rec} = 1$$

である．

と，rec の左逆を表現することができる．今はもう rec が同型だとわかっているからこれは rec^{-1} なのだが，単射性の別証でもあるということだ．

N: rec は割り算の結果から元の被除数，除数を再現するものだったから，これの逆は割り算そのもので，ここに I_{sub} が関わっていることがわかるわけか．

S: 次からは割り算の性質について調べていこう．

あとがき

　自然数論の基本的な部分を取り扱った本書の終わりに，どうしても触れておきたいひとがいる．そのひとは「We Are Not Numbers（わたしたちは数ではない）」と名づけられたプロジェクトの共同設立者のひとりであるが，そのひとが残したひとつの詩によって最も知られている．『原論』の著者であるというだけでユークリッドを偉大な先達と思うことが奇妙でも何でもないように[1]，そのひとをかけがえのない友と感じるにはその詩を読むだけで充分である．その詩は2023年が終わりつつある頃，不意に，世界中のひとびとの眼前に現れた（原文[2]より拙訳）：

　　しぬのが　わたしの　さだめなら
　　いきるのが　あなたの　さだめ
　　わたしの　はなしを　するために
　　わたしの　もちもの　うるために
　　それで　いちまいの　ぬのをかって
　　それと　なんぼんかの　ひもも
　　（ぬのはまっしろく　ながいしっぽをつけて）
　　ひとりのこども，ガザのどこかで
　　そらのかなたを　みつめながら

---

[1] 『原論』の各巻・各部分が誰に由来し，実際に誰によって書かれたのかは不明であるにしても．なお，ユークリッドは『デドメナ』『オプティカ』などの著者でもあるとされている．

[2] 原文については，作者本人のアカウント（https://x.com/itranslate123）にピン留めされた投稿でぜひ読んでほしい．

ほのおにきえた　おとうさんを　まつ——
　　さよならの　ひとことさえ　のこせず
　　じぶんの　からだにさえ
　　じぶんじしんにさえ　さよならできなかった　おとうさんを　まつ——
　　そのこどもに　たこが，あなたのつくった　わたしのたこが，たかく
　　まいあがるのが　みえるように
　　ほんのひととき　そこに　てんしがいると　おもえて
　　だいすきなきもちを　とりもどせるように
　　しぬのが　わたしの　さだめなら
　　どうか　きぼうを　もたらすように
　　どうか　ものがたりに　なるように

　「しぬのが　わたしの　さだめなら（If I must die）」と題されたこの詩は2023年11月1日にSNSに投稿され，同年12月6日，その作者であるリファアト・アルアリイール（Refaat Alareer）はイスラエル軍の空襲により，兄妹と兄妹の子どもたち4人を含む親類とともに殺された．——そして2024年の4月26日には，長女夫妻とその生まれたばかりの赤ん坊が，やはりイスラエル軍の空襲により殺された．
　リファアト・アルアリイールが尽力したプロジェクト「We Are Not Numbers」の目的は，パレスチナの若者たちが世界に向けて「書く」ことを励まし，支えることである[※3]．「わたしたちは数ではない」---これほど「自明である」べきことが「自明でない」世界，それがわたしたちを含む「国際社会」なのである．
　かれらは，決して，数ではない．しかしそのひとつひとつの死を「なかったこと」にしないために，パレスチナのひとびとは，死者数

[※3]　「We Are Not Numbers」ホームページ（https://wearenotnumbers.org/）参照．

を克明に刻もうとしてきた※4．それでも，いまも，数えられることさえ奪われた死が，瓦礫の下に取り残されている※5．

「わたしたちは数ではない」という訴えを踏み潰そうとするものたちに立ち向かう最大の支えのひとつが，他でもない，数であるということ．これは数という，あるいは人間というものを考えるとき，決して無視できない重大な事実であるように思われる．数について語るとき，わたしたちは自分たち自身について語っているのである．

こどもを抱くときの温かさを知る（あるいは想像しうる）あらゆるひとびとにとって二度と瞼の裏から拭い去れないような凄惨な映像が世界に拡散されてもなお，理不尽な死を強いられたひとが「実質的にひとりもいなかった（practically none）※6」ことにして悲劇を拡大し続ける「国際社会」の不正義．それを終わらせるまで，わたしたちは，かれらについて，わたしたち自身について，そして数について，語

※4 2023年10月の段階で（アメリカ大統領バイデンが犠牲者数に疑問を呈したことに対して），ガザ保健省はその時点で登録されていた（2023年10月7日以降の）7028人の死者の詳細なリストを公表した．2024年7月24日には，6月末までに特定された犠牲者28185人の名前を記載した新たなリストを発表した．

※5 *The Lancet* 誌に寄せられた3人の著者（Rasha Khatib, Martin McKee, Salim Yusuf）による短報 "Counting the dead in Gaza: difficult but essential"（https://doi.org/10.1016/S0140-6736（24）01169-3）は，ガザ保健省によるデータ（イスラエル政府は異議を唱えているが，イスラエル諜報機関，国連，WHOは認めるもの）および「控えめな想定」に基づけば，（2023年10月7日以降の）イスラエルの攻撃に起因する直接的・間接的死者数は186000人以上となる可能性があるとしている．また，「ガザ地区における即時かつ緊急の停戦（医療品，食料，きれいな水，および人間の基本的ニーズに応えるその他の資源の配布を可能にする措置を伴ったもの）が不可欠」であり，「同時に，この紛争における苦しみの規模と性質を記録する必要がある」と指摘している．

※6 イスラエル首相ネタニヤフが，イスラエル軍の攻撃を正当化するために，2024年7月24日のアメリカ議会での演説において引用したあるイスラエル軍司令官の言葉．

り続けなければならない．これが「わたしたちのさだめ」なのだ．

　怠惰な著者たちが，いま，曲がりなりにもこの本をあなたに届けることができたのも，本シリーズの編集者である富田淳氏のおかげである．わたしたちはいつも「本当にこんな本を出して大丈夫なのだろうか」と心配しているのだが，富田さんは常に温かく励ましてくださる．たくさんの，高い見識を持つ読者の皆さんが支えてくださっているというのである．すべての読者の皆さんに ──とりわけ，あなたに！ ──心より感謝する．残念なことは，「読者の皆さん」がどんな方々なのか，ほとんどまったく存じ上げないということである．ただ，少なくともひとりの読者は知っており，それは西郷の伴侶である美紗である．彼女の存在という励ましに感謝する．ありがとう．

　本書を，「ひとりのこども」に捧げる．

2024年　原爆忌を前に
西郷甲矢人・能美十三

索 引

逆　63

原始再帰法　12

圏論的割り算の基本定理　114

後者　1

後者関数　1

三分律　93

自然数対象　1

順序　72

推移律　70

数学的帰納法　89

積　34

前者　5

前者関数　5

対称律　63

デデキント無限　8

反対称律　63

反復　16

非退化　7

分配律　46

和　25

著者紹介：

西郷甲矢人（さいごう・はやと）
　1983年生まれ．数学者（長浜バイオ大学教授）．

能美十三（のうみ・じゅうぞう）
　1983年生まれ．会社員．

線型代数対話　第4巻　自然数論 ──トポスにおける算術──

2024年9月22日　初版第1刷発行

著　者　　西郷甲矢人・能美十三
発行者　　富田　淳
発行所　　株式会社　現代数学社
　　　　　〒606-8425 京都市左京区鹿ヶ谷西寺ノ前町1
　　　　　TEL 075 (751) 0727　FAX 075 (744) 0906
　　　　　https://www.gensu.co.jp/
装　幀　　中西真一（株式会社CANVAS）
印刷・製本　有限会社 ニシダ印刷製本

ISBN 978-4-7687-0643-5　　　　　　　　　　Printed in Japan

● 落丁・乱丁は送料小社負担でお取替え致します．
● 本書のコピー，スキャン，デジタル化等の無断複製は著作権法上での例外を除き禁じられています．本書を代行業者等の第三者に依頼してスキャンやデジタル化することは，たとえ個人や家庭内での利用であっても一切認められておりません．

ⓒ Hayato Saigo, Juzo Noumi